一飯一菜
就上桌

橋本彩 著

程橘 譯

前言

從只有夫妻倆的餐桌，
轉變為家庭共享的「全家餐」

大家好，我是橋本彩。

我是一位育有兩個孩子（4歲和1歲）的媽媽，同時也是一名料理家。自從生下二寶後，我家的餐桌風景也隨之改變。和兩個孩子一起的時候，有時無法準備完整的餐點，只能端上一道菜來應付。但是**我覺得能端出「手作料理」就很不錯了，不必太過於苛求**。

育兒時間與工作緊湊，因此料理的時間有限，所以我通常**不會區分大人餐和小孩餐，而是盡量做一道大家都能吃的「全家餐」**。

此外，我和丈夫都已經30多歲了，和以往隨心所欲大吃大喝的時候相比，現在的我們更加注重飲食健康。因為照顧孩子非常耗費體力，不能輕易感冒或生病，所以減少油膩的食物，改為攝取更多的蛋白質和蔬菜，加上足量的米飯，以確保體力充足。

孩子們不太喜歡吃蔬菜，幾乎不會主動去吃。不過，為了讓他們能夠攝取增強免疫力和成長所需的營養素，我會盡量調整菜色，讓蔬菜的苦味和口感更容易讓孩子接受。

正因為**我們夫妻倆比以前更加注重健康飲食，再加上希望孩子能多吃蔬菜**，在這樣的心情交融之下，我們家獨特的「一品料理」便這樣誕生了。

不追求完美，
只需準備一道「一鍋到底」的料理即可

我會在一道料理中加入肉類、魚類和蔬菜，這樣單憑一盤菜就能攝取到足夠的營養。搭配米飯一起吃，便能**兼顧蛋白質、蔬菜和碳水化合物，達到「全營養」的效果**。此外，這道菜能讓全家人對味道和份量都感到滿意，這就是我的「一品料理」。

當做好一道料理後，如果「意外地還有些時間」，我會再煮一道湯品或是味噌湯（有時候用速食湯也沒關係），或者加道裝盤就能上桌的冷豆腐或醋拌海蘊，讓選擇變得多元。對我來說，**一開始如果抱著「得做很多道菜」的想法，就會覺得「根本沒時間！」**所以這種只做一道料理的風格非常適合我。

忙於工作和育兒，每到傍晚我便會筋疲力盡，甚至完全想不到要做什麼！在這樣的危機時刻，能有一種「這道菜我能做」的安心感很重要。此外，這些菜色都是我希望每次翻開書頁時，讓讀者也能感到「我好想吃這道菜！」並且喚起烹飪熱情的食譜（這一點非常重要）。

實際上，這些都是我自己下廚時，能讓我振作起來的菜譜，也是一直以來的救急配方。當你無法專注於料理時，卻仍想快速準備既能滿足心靈又充實胃袋的美味佳餚時，希望這本書能在日常生活中成為你的美味救星。

＼讓自己與家人都大滿足／
「一品料理」是什麼呢？

只要有一道料理，就能讓人覺得「今天這樣就很好了！」的關鍵在於，這道菜包含蛋白質，如肉或魚，還有搭配蔬菜，讓全家人以及我自己都能從這道菜中獲得飽足感。接下來為您介紹，我們全家都滿意的關鍵要素。

POINT 1
一道料理就能全方位滿足！
不論是淋在飯上，或作為配菜都很合適

> 蛋白質、蔬菜、碳水化合物一次到位！

→ P12

> 加一點勾芡，更好入口，食慾大開。

→ P16

這是一種適合做成蓋飯的家常料理。**特別推薦給那些想快速上菜、用最少時間搞定一餐的大忙人。**在我家，老公不在的晚餐幾乎都是丼飯（笑）。當然，這些菜色也非常適合胃口大的老公，可以吃得很滿足。只需一個平底鍋或湯鍋，把肉類或魚類、蔬菜都加入其中，就大功告成了！即使再累，也會讓你忍不住自誇：「這麼累了，還能做出這樣的菜，真棒！」

> 累的時候，只放一種蔬菜也沒關係。

→ P28

POINT 2　幾乎不用顧，就能輕鬆完成——「放著不管也能搞定的料理法」

這是一系列適合在家務和育兒空檔中準備的「幾乎可以放著不管料理」。即使無法擠出長時間來料理，只需要將事先醃好的食材放進烤箱、燉鍋或是電鍋裡，不知不覺間，料理就完成了。

這些菜色**在放置料理的過程中會慢慢變得美味，非常適合忙碌時刻、需要同時處理多件事的情況。**

燉鍋

只需放進鍋裡即可

燉煮到入口即化，讓孩子容易入口。

→ P38

只需放進烤箱即可

烤箱

放上滑嫩的蛋，孩子們會開心地大口享用。

適合孩子享用

只需要放入電鍋

電鍋

→ P63

→ P59

POINT 3 冷掉也好吃，適合各時段享用！

這些菜色的設計重點在於，不管是現做現吃，還是放涼後，都能保持美味。通過將肉裹上太白粉或蛋液煎烤，使其軟嫩多汁，以及將食材先醃漬入味，就能讓菜色無論冷熱都能享用。

這類料理特別適合「早上比傍晚有空閒」或「趁現在有空先準備」的情況。

不僅晚回家的家人能享用美味，還有不少適合作為便當的食譜，非常實用！

味道入味，冷了也美味。

→ P70

即使放久了，肉依然軟嫩多汁。

→ P86

推薦作為便當配菜的菜色。

→ P78

POINT 4　搭配一碗湯，簡單達成兩道菜組合

如果時間允許，可以搭配一碗富含食物纖維、維生素和礦物質的蔬菜湯。將蔬菜燉煮至軟爛，既能讓湯汁鮮甜入味，又能補充膳食水分，還有益家人的腸道健康。

若是給嬰兒食用，可以在湯調味變濃之前先分裝出來，淋在白飯上，並搭配吻仔魚、納豆或炒蛋，成為適合孩子的餐點。

> 補充維生素、膳食纖維與礦物質。

→ P94

> 適合用於嬰兒副食品。

→ P97（上）

POINT 5　蔬菜炊飯，既能增色，也提高了營養值

> 也非常適合作為焗烤飯的基底。

→ P34（下），P108（下）

> 蔬菜飯搭配湯品，就能成為豐富的一餐。

→ P96（下），P108（上）

將蔬菜和米飯一起炊煮，不僅能巧妙提升營養，還能讓米飯吸收蔬菜的天然甘甜和鮮味，簡單炊煮就美味。色彩繽紛的蔬菜飯也比白米飯更加吸引人，能讓人食慾大增！

目次

讓自己與家人都大滿足,「一品料理」是什麼呢? 4

PART 1 / 15分鐘內完成,適合淋在飯上的菜餚

味噌豆芽煲 12
小松菜鹽味麻婆豆腐 14
蝦仁青花菜鹽味天津飯 16
豬肉炒豆芽中華燴飯 18
泰式風味滑蛋蓋飯 20
奶油蘑菇燉雞腿排蓋飯 22
多明格拉斯風味親子丼 24
豆漿檸檬雞肉咖哩飯 26
番茄滑蛋乾燒蝦仁 27
完熟番茄肉醬起司 28

鹹香五花肉燜白菜 29
雞肉菠菜燉南瓜 30
和風肉醬燴厚揚豆腐與小松菜 31
韓式爆彈丼 32
蔬菜滿滿的墨西哥塔可飯 33
玉米秋葵日式乾咖哩 34
淡鹽鮭魚菠菜奶油燉飯 34
軟嫩麻婆白菜 35
壽喜燒風味燉牛肉和牛蒡 35

PART 2 / 即使放著不管也能完成──幾乎不用顧的料理

醬香番茄燉翅小腿 38
豬五花蘿蔔滷肉飯 40
雞肉蔬菜蜂蜜味噌燒 42
多汁鹽味烤豬肉 44
蘿蔔燉雞肉粉絲煲 46
千層白菜燉肉 48
懶人版義式水煮魚 50
平底鍋版馬鈴薯燉肉 52
青花菜鹽味燉雞 54
芝麻油香白蘿蔔燉魷魚 56
和風千層高麗菜豬肉 58

爐烤薄鹽鯖魚和番茄 59
香烤雞肉和蔬菜 60
梅子鹽昆布蒸蘿蔔五花肉 61
平底鍋版蒸涮鍋 62
雞肉番茄炊飯 63
味噌奶油燉地瓜和豬肉 64
自製番茄醬雞肉炊飯 65
雞肉牛蒡糯米風炊飯 66
海帶芽大豆五目炊飯 66
雞肉風味炊飯 67
小番茄香腸風味炊飯 67

PART 3 / 適合在各時段享用,冷掉也美味的配菜

雞肉和夏蔬中式南蠻漬 70
菠菜滿滿的韓式烤肉 72
南瓜和舞菇拌柚醋香脆豬肉 74
醬燒奶油蔥香鰤魚 76
小松菜混金針菇嫩滑雞肉丸 78
整顆青椒和梅子燉雞 80
黑胡椒洋蔥豬肉排 82
香酥蝦仁竹輪拌美乃滋 84
味噌芥末醬拌雞胸肉和青花菜 86

青花菜起司漢堡排佐BBQ醬 87
梅子醋拌豬肉和菠菜 88
烤玉米燒賣 89
烤鹽鯖魚佐日式燴蔬菜 90
烤蔬菜與迷你炸豬排 91
豬肉泡菜番茄春雨粉絲 92
青椒混茄子炒雞絲 92
味噌柚子醋炒雞肉和櫛瓜 93
味噌香蒸鮭魚與高麗菜 93

COLUMN／若有餘力，不妨嘗試的豐富蔬菜湯

大白菜小番茄薑湯　94
鹽麴蔬菜燉湯　95
韭菜蛋花味噌湯　96
濃郁蔬菜海鮮巧達濃湯　96
培根高麗菜和風湯　97
大蔥與白蘿蔔味噌蔬菜湯　97
鹽味雞中翅白蘿蔔湯　98
青花菜吻仔魚蒜香湯　98
BLT酸辣湯　99
菠菜嫩豆腐中華湯　99
滿滿菇菇蘿蔔泥湯　100
水菜豆腐蛋花湯　100
蔥香海帶湯　101

南瓜蜂蜜牛奶濃湯　101
小松菜春雨粉絲中華湯　102
豆腐雞肉丸子白菜檸檬鹽湯　102
滑嫩蔬菜大豆湯　103
番茄秋葵咖哩風味湯　103
胡蘿蔔濃湯　104
滿滿蔬菜拉麵風味噌湯　104
夏季蔬菜普羅旺斯風味湯　105
菠菜豆腐芝麻豆乳味噌湯　105
香濃芝麻油茄子秋葵味噌湯　106
敲打山藥鹽麴湯　106
地瓜白菜奶油濃湯　107
家常版雞肉餛飩湯　107

COLUMN／富含維生素與膳食纖維的蔬菜飯

胡蘿蔔炊飯　108
番茄炊飯　108
玉米炊飯　109
地瓜炊飯　109

COLUMN／孩子們會喜歡的雞蛋配菜

溫泉蛋　110
滑蛋　110

COLUMN／附上湯品的推薦套餐範例

如何使用本書

- 1小匙＝5cc，1大匙＝15cc。
- 調味料方面，若無特別說明，即表示使用濃口醬油、混合味噌、鹽味奶油，高湯則指鰹魚高湯，梅乾使用鹽分8%（紅紫蘇泡製）的產品，麵味露使用3倍濃縮的，蒜末與薑泥使用管狀調味料包裝。請根據所使用的食材和調味料適量調整。油可使用沙拉油等喜歡的食用油替代。
- 蔬菜、菇類、豆類和水果，若無特別說明，請在清洗、去皮等步驟完成後再進行下一步操作。
- 雞肉需去除黃色脂肪並切除筋，而蝦、花枝等海鮮則已完成去內臟等前置處理。
- 爐火調節方面，若無特別說明，均為中火。
- 微波爐以600W為基準。由於型號和食材不同，加熱時間可能會有所不同，請根據情況調整。此外，在加熱時，請依照設備的使用說明書，使用耐熱容器或碗盤。

PART 1

15分鐘內完成，
適合淋在飯上的菜餚

這些是經典的一品料理，同時也適合當作丼飯的淋醬。
搭配米飯食用，就能同時攝取蛋白質、蔬菜和碳水化合物。
特別推薦做為疲憊時的晚餐或週末午餐。
能夠在15分鐘內輕鬆完成，快速填飽肚子，滿足味蕾。

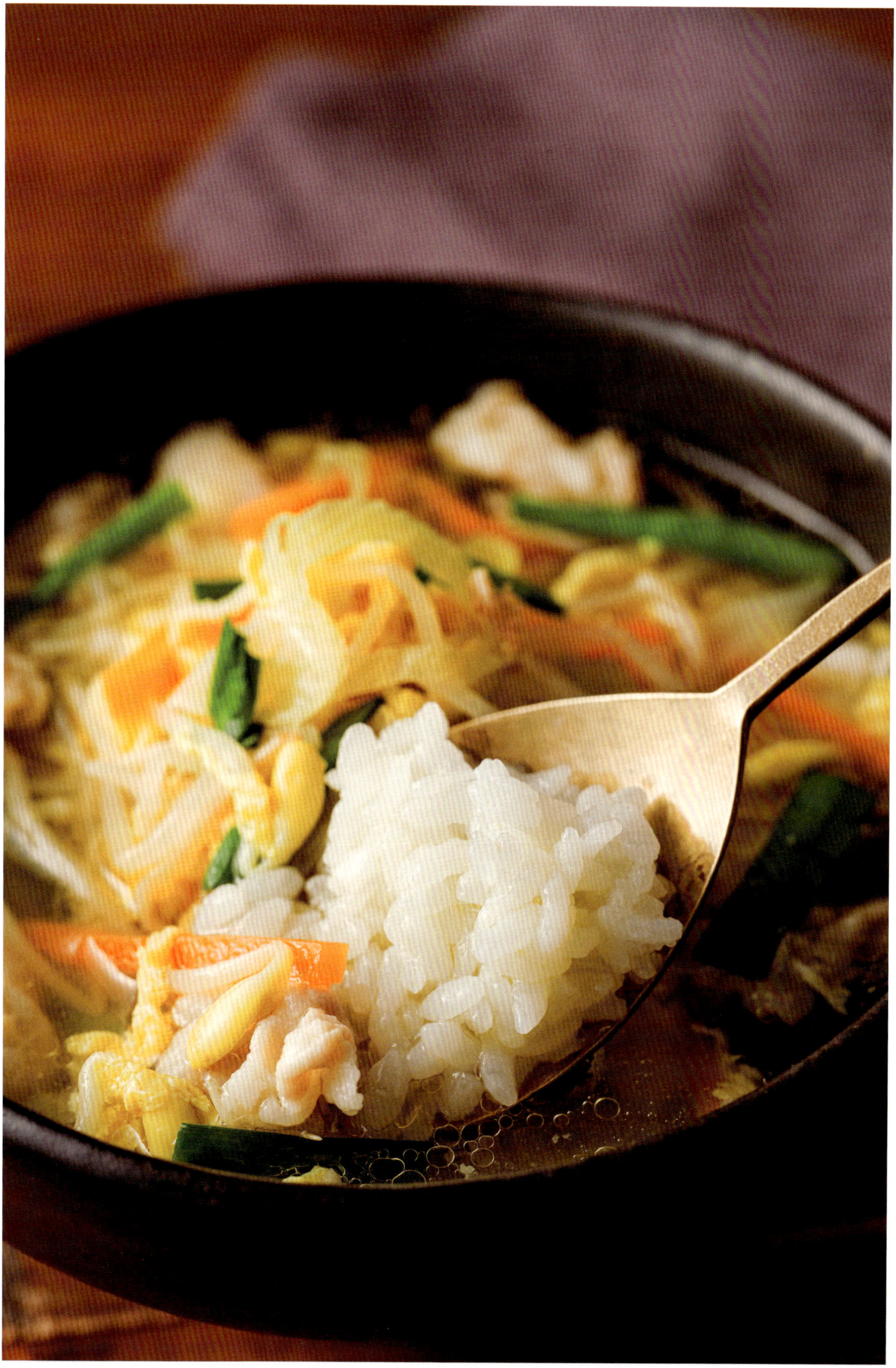

味噌豆芽煲

這道鍋品,湯頭濃郁,後韻清爽!
味道不辣,適合全家享用。

材料（3～4人份）

- 豬五花肉 … 150公克（切成3公分寬）
- 大蔥 … 半支（斜切薄片）
- 胡蘿蔔 … 1/4條（40公克／切絲）
- 豆芽菜 … 1袋（200公克）
- 韭菜 … 半束（切成3公分段）
- 雞蛋 … 1顆（攪散）
- 芝麻油 … 2小匙

A
- 醬油、味醂 … 各1又1/2大匙
- 砂糖 … 1小匙
- 蒜末 … 1/2小匙

B
- 料理酒 … 50cc
- 水 … 900cc
- 雞高湯粉 … 1大匙

C
- 味噌 … 3大匙
- 醋 … 1小匙

- 鹽、胡椒粉 … 各適量

AYA'S POINT

- 黃豆芽比起綠豆芽更美味，且蛋白質含量更高，營養豐富。
- 成人食用時，可以加上韓式辣椒醬來增添辣味，會更加美味。
- 除了搭配米飯之外，也推薦淋在烏龍麵上享用。

做法

1. 在鍋中倒入芝麻油，燒熱後放入豬五花肉、大蔥和胡蘿蔔炒熟，加入 **A** 調味料炒香。

2. 加入 **B** 材料和豆芽菜，煮沸後蓋上鍋蓋，用小火燜煮約5分鐘。

3. 當豆芽菜變軟後，放入韭菜稍微拌煮，接著加入 **C** 材料。等沸騰後，慢慢倒入蛋液，並輕輕攪拌一下。最後根據口味，加入適量的鹽和胡椒粉調味即可出鍋。

> 將肉和蔬菜充分炒熟，使調味料均勻融合。

> 當豆芽菜變軟後，加入韭菜。

> 在沸騰的時候，倒入攪散的蛋液，會讓蛋花變得鬆軟。

PART 1　15分鐘內完成，適合淋在飯上的菜餚

小松菜鹽味麻婆豆腐

大人可加點柚子胡椒！柑橘的香氣和青辣椒的辛辣，會帶來清新爽口的味道。

材料（2〜3人份）

豬絞肉 … 200公克
小松菜 … 1束（200公克／切成1公分寬）
木綿豆腐 … 1塊（300公克／切成小方塊）
大蔥 … 半支（切末）
芝麻油 … 2小匙
蒜頭、薑（切末）… 各1/2小匙
鹽、胡椒粉 … 各少許

A
- 水 … 200cc
- 雞高湯粉 … 2小匙
- 鹽 … 1/2小匙

B
- 片栗粉（又稱日本太白粉）、料理酒 … 各1大匙
- 蠔油、味醂 … 各2小匙

柚子胡椒 … 依個人喜好添加，約1/4小匙〜
芝麻油或辣油 … 適量

AYA'S POINT

- 如果是大人要吃的，可以點上幾滴辣油。若再加上紅辣椒和青辣椒的雙重辣味，對嗜辣者來說絕對是一大享受！
- 向來不喜歡小松菜的兒子也吃得下這道菜！只要把小松菜充分炒過，味道就會變得溫和，更容易入口。

做法

1. 芝麻油倒入平底鍋，燒熱後放入豬絞肉、蒜末和薑末炒香。肉變色後，加入小松菜，撒上鹽和胡椒粉，繼續翻炒至蔬菜變軟。

2. 加入豆腐，倒入 A 材料，煮沸後用中小火煮約2分鐘。熄火後，加入蔥花和 B 材料，攪拌均勻後再次開火，使其勾芡濃勻。

3. 最後依據個人口味加入柚子胡椒，盛盤後淋上芝麻油或辣油即可。

> 將小松菜炒熟至軟爛，不但讓體積減少，同時也能減輕苦味。

> 讓豆腐盡量浸泡在湯汁中烹煮。

> 在加入柚子胡椒之前，先分裝給不擅長吃辣的人。

蝦仁青花菜鹽味天津飯

滑嫩雞蛋搭配彈牙的蝦仁，令人難以抗拒。青花菜營養豐富，顏色鮮豔，更添視覺享受。

材料（2～3人份）

熱騰騰的白飯 … 適量
蝦仁 … 100公克（去殼處理，切成3～4等分）
青花菜 … 100公克（切成小朵）
雞蛋 … 4顆（攪散）
鹽 … 一小撮
芝麻油 … 1大匙

A
- 水 … 300cc
- 鹽 … 1/2小匙
- 雞高湯粉、蠔油 … 各1小匙
- 片栗粉 … 1大匙加1小匙
- 料理酒 … 1大匙
- 蒜末、薑泥、胡椒粉 … 各少許

辣油、黑胡椒 … 依個人口味添加適量

AYA'S POINT

- 青花菜如果用微波爐加熱，容易影響口感，但先切成小朵，影響就會比較小（也可以用水煮熟！）
- 這道菜色香味俱全！若備有冷凍蝦仁，製作起來更輕鬆，所以非常適合作為午餐。

做法

1. 先將A材料混合，放置一旁備用。將青花菜放入碗中，蓋上保鮮膜，以微波爐加熱1分鐘，取出後粗略切小塊。同時，將白飯盛入碗中備用。

2. 在平底鍋中倒入芝麻油，燒熱後，放入蛋液（先加鹽），迅速攪拌。炒至半熟後，將其倒在熱騰騰的白飯上。

3. 用廚房紙巾將平底鍋擦乾淨，加入青花菜、蝦仁和混合好的A，翻炒至湯汁沸騰。當蝦仁熟透後，淋在步驟2的半熟蛋蓋飯上面。食用時，可依個人口味加入辣油和黑胡椒調味。

將食材切成小塊，每一口都能嚐到豐富的配料，提升美味度。

快速攪拌蛋液，可以呈現綿滑鬆軟口感，再趁熱蓋在飯上。

加熱後，湯汁會慢慢的變濃稠。

中華燴飯　豬肉炒豆芽

材料簡單，但吃起來卻有滿足感的中華燴飯。使用不需要切的豆芽菜，隨時輕鬆烹調。

材料（2～3人份）

熱騰騰的白飯 … 適量
豬肉片 … 150公克
豆芽菜 … 1袋（約200公克）
韭菜 … 半束（切成3公分段）
胡蘿蔔 … 1/4條（40公克，切絲，可不用）
芝麻油 … 2小匙

A ┌ 料理酒、醬油 … 各1小匙
　└ 蒜末、薑泥 … 各1/2小匙

B ┌ 水 … 200cc
　│ 片栗粉 … 1又1/2大匙
　│ 醬油、蠔油 … 各1大匙
　│ 雞高湯粉 … 1又1/2小匙
　└ 砂糖、醋 … 各1小匙

黑胡椒、芥末籽粉 … 依個人喜好添加適量

AYA'S POINT

- 即使在白菜非當季的時節，仍然可以享用中華燴飯。
- 若是給不太喜歡吃豆芽菜的孩子，可以用廚房剪刀將做好的菜剪碎，或事先裝進袋子上揉搓，折斷後再炒。
- 可以用青蔥或青椒替代韭菜，進行蔬菜變化。

做法

1. 若豬肉片太大，切成適口大小，然後和 A 調味料拌勻。B 材料則先混合備用。

2. 平底鍋倒入芝麻油，燒熱後，放入豬肉和胡蘿蔔翻炒。當肉變色後，加入豆芽菜，用中大火快炒約1分半。

3. 加入韭菜快速翻炒，接著倒入 B，邊攪拌邊勾芡至濃稠。起鍋趁熱倒在白飯上，可依個人口味撒上黑胡椒和芥末籽粉。

> 將 A 充分的與豬肉混合醃漬，這樣一來，即使是便宜的肉也會變得美味。

> 在勾芡之前，先根據個人口感翻炒至喜歡的食感。

> B 材料有片栗粉，所以加入前要再次充分攪拌均勻。

泰式風味滑蛋蓋飯

柔嫩的蛋與酸甜香辣的醬汁相得益彰，是大人和孩子都喜愛的創新打拋飯。

材料（2～3人份）

- 熱騰騰的白飯 … 適量
- 雞絞肉（雞腿部位）… 200公克
- 滑蛋（做法見P110）… 適量
- 蒜頭 … 1瓣（切末）
- 洋蔥 … 半顆（切成1公分的小丁）
- 甜椒 … 半顆（切成1公分的小丁）
- 青椒 … 2顆（切成1公分的小丁）
- 橄欖油 … 2小匙
- 鹽、胡椒粉 … 各少許

A
- 魚露或醬油 … 1又1/2大匙
- 蠔油、醋 … 各1大匙
- 砂糖 … 2小匙
- 雞高湯粉 … 1小匙

- 片栗粉水（片栗粉1小匙：水2小匙）
- 乾燥羅勒（或新鮮羅勒）… 有的話，適量

AYA'S POINT

- 使用新鮮的羅勒會增添更多香氣，使得味道更正宗。
- 若是做給孩子的，推薦使用滑蛋。而呈給大人的，可以放上煎得酥脆的太陽蛋。

做法

1. 在平底鍋中倒入橄欖油，燒熱後，放入蒜末和洋蔥。將洋蔥炒至透明後，再加入雞肉，撒上少許鹽和胡椒粉，翻炒均勻。

2. 當雞肉變色後，加入甜椒和青椒，快速炒勻。

3. 加入 A 材料，繼續炒至湯汁收乾，接著倒入片栗粉水，勾芡使湯汁變稠，起鍋前加入乾燥羅勒（或新鮮羅勒）。最後將炒好的料，趁熱淋在白飯上，再擺上滑蛋即可享用。

雞絞肉可以根據個人喜好分成大塊，這樣會更有嚼感。

以茄子代替甜椒，也是不錯的選擇。

加入片栗粉除了讓食材濃稠固型，方便食用之外，也適合帶便當。

奶油蘑菇燉雞腿排蓋飯

無需鮮奶油也能做出絕品料理！
提升為餐廳級美味的祕密武器——
少許醬油和顆粒芥末籽。

材料（2～3人份）

胡蘿蔔飯（做法見P108）… 適量
雞腿肉 … 1小片
（約250公克，切成2公分大小，撒上鹽和胡椒粉）
洋蔥 … 半顆（切成薄片）
蒜頭 … 1瓣（切末）
蘑菇 … 6朵（100公克，切成薄片）
橄欖油 … 2大匙
鹽、胡椒粉 … 各少許
料理酒 … 2大匙
麵粉或米粉 … 2大匙

A ┌ 牛奶 … 300cc
　├ 高湯粉、醬油 … 各1小匙
　├ 顆粒芥末籽 … 2小匙
　└ 鹽 … 1/2小匙

燙熟青花菜、黑胡椒 … 按喜好添加

AYA'S POINT

- 用鴻喜菇代替蘑菇，一樣可以做出美味料理。
- 忙碌時，也可以使用市售的蒜末醬，省去處理的時間。將奶油燉菜淋在一般的白飯上也很好吃。此外，也非常適合搭配麵包享用。
- 這個料理非常受孩子歡迎，我和丈夫也都喜歡，而且這道料理會改變你對奶油燉煮料理的印象（笑）。

做法

1. 在平底鍋中倒入橄欖油，燒熱後，加入蒜末、洋蔥和蘑菇翻炒。當洋蔥變軟且透明時，即加入雞腿肉，煎至雞皮呈現金黃酥脆。

2. 加入料理酒拌炒，然後熄火，撒入麵粉並充分混合，讓食材均勻裹上麵粉。

3. 等麵粉溶解後，將A材料依序放入，再開火加熱，攪拌至收汁。最後澆蓋在胡蘿蔔飯上。最後根據喜好添加燙熟青花菜，撒上黑胡椒。

> 將洋蔥和大蒜炒至軟化，是增添美味的關鍵之一。

> 將食材煎至上色，然後加入酒進行烹煮，會使食材釋放更多的美味。

> A材料不需要事先混合，按照順序加入即可。

> 這是我兒子最喜歡的一道菜喔！

多明格拉斯風味親子丼

帶有濃郁滑順口感，宛如享用多明格拉斯風味飯的親子丼。

材料（3～4人份）

熱騰騰的白飯 ⋯ 適量

雞腿肉 ⋯ 1小片
（約250公克／切成2公分大小，撒上少許鹽和胡椒粉）

洋蔥 ⋯ 半大顆（切成薄片）

雞蛋 ⋯ 4顆（攪散）

青花菜 ⋯ 50公克
（分成小朵，用鹽水燙熟至個人喜好的軟硬度）

橄欖油 ⋯ 2小匙

鹽、胡椒粉 ⋯ 各少許

A ｜ 水 ⋯ 100cc
　｜ 麵味露*、番茄醬 ⋯ 各3大匙
　｜ 伍斯特醬、味醂 ⋯ 各2大匙

片栗粉水（片栗粉1/2大匙：水1大匙）

＊麵味露：日式醬油，帶有鮮甜口味。台灣超市即可購買。

AYA'S POINT

- 這是連小朋友也會喜歡的——融合日式和西式的親子丼！
- 如果有時間，可以提前做好至步驟2。這樣一來，只需要快速澆蓋滑蛋，就可以快速組合完成！
- 也推薦搭配胡蘿蔔飯或番茄飯（P108）一起享用。

做法

1. 在平底鍋中倒入橄欖油，燒熱後，放入洋蔥翻炒。當洋蔥變軟時，加入雞腿肉。

2. 雞腿肉煎至金黃後，加入 A 調味料，轉小火煮約3分鐘。邊煮邊倒入片栗粉水拌炒，直至收汁濃稠。

3. 加入燙熟的青花菜，然後倒入2/3量的蛋液，用筷子輕輕攪拌，讓雞蛋呈半熟狀。接著倒完剩餘的蛋液，蓋上鍋蓋後熄火，靜置1到2分鐘，讓蛋熟到自己喜好的程度。最後，將煮好的雞肉和滑蛋澆蓋在熱騰騰的白飯上，即可享用。

> 確保洋蔥翻炒至稍微軟化。

> 用小火慢慢燉煮雞腿肉至軟嫩後，再加入片栗粉水，使湯汁濃稠。

> 熄火後的餘溫，會使蛋液繼續煮熟，呈現半熟的口感。

豆漿檸檬雞肉咖哩飯

不用咖哩塊和香料，也能在家輕鬆做出有如餐廳水準的健康咖哩！

材料（2～3人份）

- 雞腿肉 … 1小片（250公克／切成2公分大小）
- 洋蔥 … 半顆（切成大塊）
- 茄子 … 2條（稍加去皮使其外觀呈條紋／切成約1公分厚的斜片）
- 青椒 … 2顆（切成2公分的小丁）
- 橄欖油 … 2大匙
- 咖哩粉 … 2小匙
- 鹽、胡椒粉 … 各少許

A
- 料理酒、魚露 … 各2大匙
- 砂糖、雞高湯粉 … 各2小匙
- 蒜末、薑泥 … 各1小匙
- 水 … 100cc
- 豆漿 … 300cc

- 檸檬汁 … 1大匙
- 柚子胡椒 … 1/2小匙
- 檸檬片、新鮮羅勒或香菜 … 有的話，適量

做法

1. 在平底鍋中倒入橄欖油，燒熱後，放入洋蔥和茄子翻炒。

2. 當洋蔥變透明時，加入用鹽、胡椒粉調味過的雞腿肉，一起翻炒，接著放入青椒。當雞腿肉的皮呈現微焦酥脆時，撒入咖哩粉，拌勻使其裹附於食材上。

3. 暫時熄火，將 A 材料依序加入。再次開火，用小火煮至湯汁微滾。根據個人口味加入檸檬汁和柚子胡椒調味，最後趁熱將咖哩淋在白飯上，並添加檸檬片、新鮮羅勒或香菜作為點綴。

> 茄子炒至表面金黃，帶有些許軟爛綿密的口感。

> 將咖哩粉加入後，要充分炒熟，能釋放出香料的香氣。

> 加入柚子胡椒後，能賦予料理類似於綠咖哩的風味！

番茄滑蛋乾燒蝦仁

用新鮮番茄炒製而成，多汁鮮香的乾燒蝦仁。若是換成雞腿肉也同樣美味可口。

材料（2～3人份）

- 番茄 … 1大顆或2小顆（熟透／切丁）
- 蝦仁（去殼處理）… 200公克
- 大蔥 … 半支（切末）
- 蒜末、薑泥 … 各1/2小匙
- 雞蛋 … 1顆（攪散）
- 鹽、胡椒粉 … 各少許
- 片栗粉 … 1大匙
- 芝麻油 … 2小匙＋2小匙（分別在不同階段使用）
- A ┌ 料理酒、蠔油、醬油 … 各1大匙
　　└ 砂糖 … 1小匙
- 黑胡椒、辣油 … 按喜好添加適量

做法

1. 擦乾蝦仁的表面水分，撒上少許鹽和胡椒粉，裹上片栗粉。在平底鍋中倒入芝麻油，燒熱後，放入蝦仁，兩面各煎1至2分鐘直到金黃，取出備用。

2. 在同一平底鍋中，放入2小匙芝麻油，以及蔥花、蒜末和薑泥炒香。當香氣溢出時，加入切好的番茄炒至軟爛。

3. 再放入 A 調味料與步驟 1 的蝦仁，煮沸後，將攪散的蛋液繞著鍋邊淋入，稍等片刻後輕輕攪拌。直到蛋液呈現滑嫩狀態時，即可盛盤。最後依個人口味加上黑胡椒和辣油。

> 片栗粉可以將水分鎖在其中，讓食材變得彈牙，同時也增加濃稠感。

> 將番茄炒至熟爛，會讓它的美味程度大幅提升！

> 快速攪拌會使番茄和蛋會過度融合，失去層次感，所以請慢慢攪拌。

完熟番茄肉醬起司

第一名最快速上桌的料理！口感就像是濃郁多汁的起司漢堡排，帶來滿滿肉香。

材料（2～3人份）

- 混合絞肉 … 250公克
- 番茄 … 2顆（熟透／切成8等份的月牙形）
- 披薩用乳酪絲 … 50公克
- 鹽 … 兩小撮
- 黑胡椒 … 1/2小匙
- 肉荳蔻 … 1/4小匙
- 橄欖油 … 2小匙
- A
  - 伍斯特醬、番茄醬 … 各2大匙
  - 砂糖 … 1小匙
  - 醬油 … 1/2小匙
- 新鮮羅勒或巴西里 … 適量（切碎）

做法

1. 將A材料混合備用。打開盒裝絞肉，直接把鹽、黑胡椒和肉荳蔻撒在上面抹勻調味。

2. 平底鍋倒入橄欖油，用中大火燒熱後，將調味好的絞肉放入鍋中煎。煎至兩面金黃後，再用鍋鏟將肉塊撥散。

3. 加入番茄，繼續用中大火快速翻炒，加入A材料並拌勻。當番茄皮開始起皺時，加入乳酪絲融化，熄火後盛盤。依個人的量淋在白飯上，最後撒上羅勒或巴西里點綴。

打開包裝後，直接倒扣放入平底鍋中，就不會弄髒手。

粗略地撥散絞肉，並煎至金黃色。就會變得多汁美味。

用中大火快速炒番茄，這樣水分就不會流失太多。

鹹香五花肉燜白菜

使用了大量白菜，是讓人一口接著一口，滿足味蕾的菜餚。

材料（2～3人份）

- 豬五花肉 … 200公克（切成4公分寬）
- 大白菜 … 1/8大顆
  （淨重400公克／切成1公分寬）
- 胡蘿蔔 … 1/4條（40公克／切絲）
- 鹽昆布 … 15公克
- 鹽、胡椒粉 … 各少許
- 料理酒 … 1大匙
- A ┌ 水 … 100cc
    │ 白高湯* … 2又1/2大匙
    │ 片栗粉 … 1大匙
    └ 蒜末、薑泥 … 各1/2小匙

＊白高湯（白だし）：日式料理中常見的萬能調味醬。

做法

1. 豬五花肉放入平底鍋中，開火加熱，待油脂融化後，加入胡蘿蔔翻炒，並撒上鹽和胡椒粉。

2. 加入大白菜和鹽昆布繼續翻炒，待豬五花肉的脂肪均勻包裹在大白菜上時，放入料理酒，蓋上鍋蓋燜蒸。期間要注意不時翻動，約4至5分鐘。

3. 當大白菜變軟之後，加入事先混合好的A，加大火力翻炒，直至湯汁稍微收濃，即可盛盤上桌。

> 油脂不足時，可以添加少量芝麻油。

> 如果想要讓白菜更加軟爛，可在此階段煮得更久一點。

> 片栗粉混合的調味料，在加入前需要再次充分攪拌。

雞肉菠菜燉南瓜

有了南瓜的自然濃稠感，就不需額外勾芡了。適合搭配米飯或麵包一同享用。

材料（2～3人份）

雞腿肉 … 1小片（250公克／切成2公分大小，撒少許鹽和胡椒粉）
南瓜 … 1/4個
菠菜 … 半束（100公克／切成3公分寬）
洋蔥 … 半顆（切成薄片）
鴻喜菇 … 100公克（分小朵）
橄欖油 … 1大匙
蒜頭（切末）… 1/2小匙

A ┌ 水 … 100cc
　├ 牛奶 … 200cc
　├ 奶油 … 10公克
　├ 高湯粉 … 1小匙
　└ 味噌、番茄醬、蜂蜜 … 各1大匙

鹽 … 少許
黑胡椒 … 依個人喜好添加少許

做法

1. 用保鮮膜將南瓜整個包好，放進微波爐加熱7～8分鐘，待南瓜變軟之後，用刀切塊，或是用刮刀等廚具大致的壓碎備用。

2. 平底鍋中倒入橄欖油，燒熱後，放入洋蔥、雞肉炒熟。當雞肉的皮煎至金黃時，加入菠菜、鴻喜菇和蒜末翻炒。

3. 當菠菜變軟時，依序加入A材料、南瓜，煮至沸騰後，根據口味加鹽調味。最後起鍋，盛入碗中，並依喜好撒上黑胡椒。

南瓜可以放在菜板上切碎，或用鍋鏟（刮刀等）壓碎。

若擔心菠菜帶有草酸味，可將其浸泡水中或稍微汆燙。

祕密調味料是番茄醬和味噌，使味道更濃郁、深層。

和風肉醬燴厚揚豆腐與小松菜

薑香撲鼻的和風醬汁，搭配厚揚豆腐，即使只有少量的絞肉，這道菜也能帶來滿足感。

材料（2～3人份）

- 雞絞肉（雞腿肉或雞胸肉）… 100公克
- 小松菜 … 1束（200公克／切成1公分寬）
- 厚揚絹豆腐 … 2塊（300公克／去油後切成小方塊）
- 芝麻油 … 2小匙
- 鹽、胡椒粉 … 各少許
- 水 … 200cc
- A:
  - 麵味露 … 50cc
  - 味醂、酒 … 各1大匙
  - 蠔油 … 1小匙
- 片栗粉水（片栗粉1大匙：水2大匙）
- 薑泥 … 1/2小匙

做法

1. 在平底鍋中倒入芝麻油，燒熱後，放入小松菜，撒上鹽和胡椒粉拌炒。小松菜變軟後，加入雞絞肉，翻炒至變色。

2. 加入厚揚絹豆腐、水和A調味料，沸騰後改用小火煮約2分鐘，讓豆腐浸在湯汁中燉煮。

3. 加入片栗粉水勾芡，攪拌至湯汁變濃稠，再加入薑泥。最後依據個人口味，淋在熱騰騰的白飯上即可享用。

因為雞絞肉容易變乾，所以請在小松菜之後加入。

» 少量蠔油能增添一些和風風味。

» 用片栗粉水勾芡出黏稠感，使得小松菜更容易入口。

韓式爆彈丼

一看到鮪魚就忍不住想做！營養滿分的組合蓋飯。

材料（2～3人份）

熱騰騰的白飯 … 適量
生鮪魚片 … 100公克

A ┌ 鹽 … 一小撮
  └ 芝麻油 … 1大匙

B ┌ 韓式辣椒醬、芝麻油 … 各1小匙
  └ 醬油 … 2小匙

溫泉蛋（做法見P110）或蛋黃 … 視人數而定
磨碎的納豆 … 1包（加入調味料拌勻）
秋葵 … 8根
醃蘿蔔、白菜泡菜、韓國海苔 … 各適量
韓式辣椒醬 … 依個人喜好添加適量

做法

1. 將秋葵煮至喜好的軟硬程度，再切成輪片，加入 A 調味料拌勻。

2. 將鮪魚切成小塊，用 B 調味料拌勻。

3. 將納豆、步驟 1 的秋葵、步驟 2 的鮪魚、醃蘿蔔、白菜泡菜、韓國海苔分別放在飯上，中間則放上溫泉蛋。最後根據個人喜好加上辣椒醬，攪拌後享用。

做給孩子吃的話，可以用鮪魚罐頭加上一小匙醬油拌勻，取代生鮪魚！

將秋葵做成涼拌菜，可以讓味道更均勻融入整道菜中。

如果不能吃辣的話，可以把辣椒醬另外盛碟上桌。

將溫泉蛋放在上面，好好攪拌後食用，味道更美味！

蔬菜滿滿的墨西哥塔可飯

PART 1　15分鐘內完成，適合淋在飯上的菜餚

搭配蔬菜一起食用，清爽可口，還可以加入酪梨，更是絕配。

材料（2～3人份）

熱騰騰的白飯 … 適量
混合絞肉 … 250公克
洋蔥 … 半顆（切丁）
胡蘿蔔 … 1/4條（40公克／切碎）
番茄 … 1顆（切丁）
生菜、酪梨 … 有的話，適量
橄欖油 … 1小匙
鹽、胡椒粉 … 各少許
料理酒 … 2大匙

A ┌ 伍斯特醬 … 3大匙
　├ 番茄醬 … 2大匙
　├ 砂糖 … 2小匙
　├ 醬油 … 1小匙
　└ 咖哩粉、蒜末 … 各1/2小匙

披薩用乳酪絲、黑胡椒 … 依個人喜好添加適量

做法

1. 在平底鍋中倒入橄欖油，再放入洋蔥、胡蘿蔔、鹽和胡椒粉，開火後，一邊翻炒一邊拌勻。當聽到滋滋聲轉小火，蓋上鍋蓋，燜煮3分鐘，期間偶爾攪拌。

2. 再加入絞肉、料理酒，炒至肉變色後，依序加入 A 調味料。

3. 將生菜和酪梨切片鋪在白飯上，以及步驟 2 的配料。並根據喜好撒上披薩用乳酪絲，以餘熱融化。最後撒上番茄丁、黑胡椒。

> 小火慢炒，確保蔬菜都有炒熟。

> 加入適量的咖哩粉，不至於做成咖哩，還可搖身一變為墨西哥風味。

PLUS ONE

根據個人喜好再加些辣椒醬，增添類似莎莎醬的風味。

玉米秋葵日式乾咖哩

屬於夏天的咖哩，不需要燉煮，簡單翻炒即可快速完成！

材料（2～3人份）

熱騰騰的白飯 … 適量
混合絞肉 … 150公克
洋蔥 … 半顆（切碎）
玉米 … 1根（剝粒）
秋葵 … 7～8根
　（在砧板上用鹽搓滾，
　清洗後，切輪片）
咖哩塊（市售）… 2塊

橄欖油 … 2小匙
A ┌ 料理酒 … 1大匙
　│ 番茄醬 … 2大匙
　└ 蒜末 … 1小匙
水 … 150cc
醬油 … 1小匙～
溫泉蛋（做法見P110）
　或水煮蛋 … 依個人喜好添加

做法

1. 在平底鍋中倒入橄欖油、洋蔥後，開火翻炒至透明，再加入絞肉拌炒。

2. 當絞肉變色後，玉米和秋葵入鍋，並加入 A 調味料翻炒均勻。

3. 將水和切碎的咖哩塊放入鍋中，攪拌至咖哩塊完全溶解，接著從鍋邊加入醬油。最後起鍋，澆蓋在白飯上，並根據喜好放上溫泉蛋或其他配料。

淡鹽鮭魚菠菜奶油燉飯

即使用奶油燉煮，仍保留了鮭魚的鮮味，令人欲罷不能。

材料（2～3人份）

熱騰騰的白飯 … 適量
薄鹽鮭魚 … 2小片
　（用平底鍋或燒烤爐煎熟）
菠菜 … 1束（切成3公分段）
洋蔥 … 1/4顆（切成薄片）
鴻喜菇 … 100公克（撕成小朵）
奶油 … 10公克

鹽、胡椒粉 … 各少許
麵粉或米粉
　… 1又1/2大匙
A ┌ 牛奶 … 300cc
　│ 高湯粉 … 1小匙
　│ 鹽 … 一小撮
　└ 起司粉 … 1大匙

做法

1. 平底鍋中放入奶油和洋蔥，開火拌炒至呈透明。

2. 洋蔥炒軟後，加入鴻喜菇和菠菜，再撒入鹽和胡椒粉調味，拌炒均勻。

3. 將鮭魚放入鍋中，撒上麵粉。一邊加入 A 材料，一邊攪拌以增加濃稠度。試味後，如果味道不足，可再用鹽和胡椒粉調整。最後趁熱起鍋，澆蓋在白飯上。

軟嫩麻婆白菜

將厚實的大白菜燜炒後,一道入口即化的佳餚出鍋。

材料（2～3人份）

豬絞肉 … 200公克
大白菜 … 1/4顆（淨重600公克／切絲）
大蔥 … 半支（切碎）
芝麻油 … 2小匙
鹽、胡椒粉 … 各少許
蒜末、薑泥 … 各1小匙
料理酒 … 1大匙

A ┌ 水 … 150cc
　├ 片栗粉、醬油、味噌、味醂 … 各1大匙
　├ 蠔油 … 2大匙
　└ 雞高湯粉 … 1小匙

黑胡椒、辣油 … 依個人喜好添加

做法

1. 在平底鍋中放入芝麻油,燒熱後,將豬絞肉炒香。等肉變色後,加入蒜末、薑泥,並撒鹽和胡椒粉,翻炒均勻。

2. 大白菜入鍋翻炒,均勻裹上油脂後,加入料理酒,蓋上鍋蓋,燜煮4～5分鐘,期間偶爾攪拌,直到大白菜變得軟嫩。

3. 加入蔥末和 A 材料,攪拌均勻,煮至湯汁濃稠。起鍋澆蓋在白飯上,並依個人口味撒上黑胡椒和辣油。

壽喜燒風味燉牛肉和牛蒡

搭配蒟蒻絲和牛蒡,是促進腸道健康的菜單。

材料（2～3人份）

牛五花或肩胛肉 … 200公克（切小塊）
蒟蒻絲 … 1包（180公克／去除異味／切成適口大小）
牛蒡（水煮）… 100公克
大蔥 … 半支（包括蔥綠,斜切成薄片）

水 … 150cc
米油 … 2小匙

A ┌ 砂糖 … 1又1/2大匙
　└ 醬油、味醂 … 各3大匙

B ┌ 味噌 … 1小匙
　└ 薑泥 … 1/2小匙

片栗粉水（片栗粉1/2大匙：水1大匙）

做法

1. 在平底鍋中放入蒟蒻絲,中火乾煎約3分鐘,直至水分蒸發。再加入米油、瀝乾水分的牛蒡和大蔥,快速翻炒均勻。

2. 熄火,在平底鍋空出的地方放入牛肉,並把 A 調味料加入。重新開火,翻炒均勻使牛肉裹上醬汁。

3. 加水煮沸,蓋上鍋蓋,用小火煮至蔬菜變軟。熄火後,加入 B,並用片栗粉水勾芡至濃稠。起鍋,根據喜好的份量澆蓋在飯上,並加上溫泉蛋享用。

PART 2

即使放著不管也能完成──
幾乎不用顧的料理

無法全程守在廚房盯著料理,但又得準備好餐點!
這時,「幾乎不用顧」的料理就派上用場了。
因為準備時間很短暫,所以烹飪變得輕鬆愜意。
放著料理的同時,還能陪孩子玩耍,
當廚房飄出陣陣香味時,心情也會隨之愉悅起來。

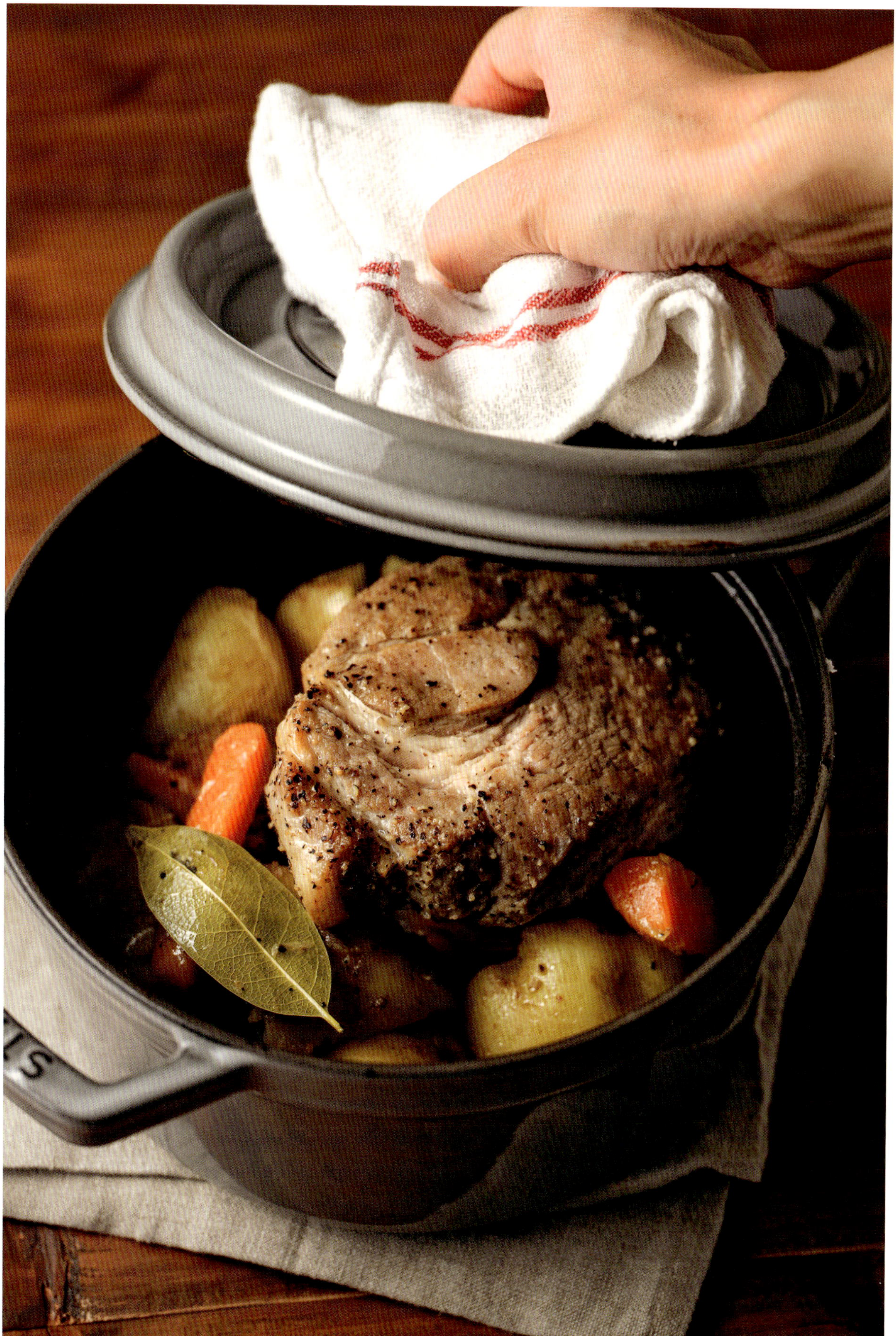

醬香番茄燉翅小腿

慢火燉煮,骨頭的鮮美融入其中,成就一道極品的番茄燉煮風味。

燉鍋

材料（2～3人份）

- 翅小腿（小棒腿）… 10支（450公克）
- 洋蔥 … 1大顆（切成8等份的月牙形）
- 胡蘿蔔 … 半條（80公克／切成小塊的不規則形）
- 鴻喜菇 … 100公克（撕成小朵）
- 蒜頭 … 2瓣（刀背壓碎，然後用手撥碎）
- 橄欖油 … 2大匙
- 料理酒 … 100cc

A
- 整顆番茄（罐裝）… 1罐
- 醬油 … 3大匙
- 鹽 … 1/2小匙
- 砂糖 … 2小匙
- 乾燥奧勒岡葉 … 有的話，取兩小撮

- 巴西里、黑胡椒 … 有的話，適量

AYA'S POINT

- 將鍋中的雞肉取出，將骨頭與肉分離，撕成雞絲放在飯上也非常美味！

- 鍋中仍有一些湯汁，所以隔天可以加水和喜歡的蔬菜，調味做成番茄湯，既營養又美味。而且也不用洗兩次鍋子，一舉兩得！

做法

1. 在鍋中放入橄欖油，燒熱後煎炸翅小腿。等表面煎至金黃色後，倒入料理酒，記得翻動一下，以免鍋底煮焦，待至煮沸。

2. 將剩餘的配料放入鍋中快速拌炒，待油均勻裹上食材後，放入 A 材料。用鍋鏟將番茄壓碎混合，煮沸後蓋上鍋蓋，轉小火燉煮50分鐘。

3. 燉煮完成後，打開鍋蓋，稍微加大火力，並時不時攪拌，讓多餘的水分蒸發，約煮5分鐘（也可在食用前加熱時進行此步驟）。盛盤後撒上巴西里和黑胡椒，即可享用。

> 將表面煎炸，可使其釋放出更多的風味，並且有助於去除雞肉的腥味。

> 煮至醬汁濃稠，成為濃郁的番茄燉肉。

> 加入其他材料後，蓋上鍋蓋，繼續煮至收汁即可。

> 將雞肉脫骨，即使是不擅長食用帶骨肉的人，也可以輕鬆享用。

豬五花蘿蔔滷肉飯

燉鍋

因為用蘿蔔的水分作為湯汁，味道鮮美濃郁。只需將其放在火上燜煮，就會變得軟嫩可口。

材料（2〜3人份）

豬五花肉 … 200公克（切成1公分的小丁）
白蘿蔔 … 1/3條（淨重400公克／切成1公分的小丁）
大蔥 … 1支（包括蔥綠，切成粗末）
香菇 … 2朵（切成1公分的小丁）

A
- 料理酒 … 50cc
- 醬油、蠔油 … 各2大匙
- 砂糖 … 1又1/2大匙
- 蒜末、薑泥 … 各1小匙

片栗粉水（片栗粉1/2大匙：水1大匙）
熱騰騰的白飯 … 適量
汆燙小松菜、醃蘿蔔、水煮蛋等 … 依個人喜好添加
五香粉、黑胡椒 … 依個人口味添加少許

AYA'S POINT

- 這是為了無法全程守在廚房的人，得以放下心來製作的經典菜單。
- 加入白蘿蔔，即使只有少量的豬肉也能讓菜餚具有滿足感。
- 盛給成人的份量可以稍微添加一些五香粉，使味道更正宗。
- 當搭配煮熟的小松菜時，可以用鹽和芝麻油稍微調味，會更容易入口。

做法

1. 依次將白蘿蔔、大蔥、香菇、豬肉疊放於鍋中，然後倒入已均勻攪拌的A調味料。

2. 蓋上鍋蓋，開火加熱，煮沸後改用小火燉煮20分鐘。打開鍋蓋，輕輕地翻攪一下鍋底，以免燒焦。熄火，再次蓋上鍋蓋，靜置10分鐘以上，讓食材入味。

3. 在食用前稍微加熱，倒入片栗粉水勾芡。最後趁熱澆蓋在白飯上，並添加自己喜愛的配料。也可以撒上一些五香粉和黑胡椒。

> 全部的食材放入鍋中，然後加入調和好的A醬料。

> 加熱後攪拌均勻，熄火，靜置片刻，讓味道融合。

> 加熱回溫時，用片栗水粉勾薄芡，增加濃稠感。

雞肉蔬菜蜂蜜味噌燒

烤箱

可以作為下飯的配菜，也可以撒上七味粉，變身為烤雞串下酒菜。

材料（2～3人份）

雞腿肉 … 2小片（500公克）
南瓜切片 … 6片（對半切）
蓮藕 … 100公克（切成銀杏葉狀）
橄欖油 … 適量
鹽、胡椒粉 … 各適量
A ┌ 味噌、醬油 … 各2大匙
　└ 蜂蜜 … 1大匙
七味粉、美乃滋 … 依個人喜好添加適量

AYA'S POINT

● 前一天或者早上先醃漬食材，晚上就可以拿來烤，輕鬆做好晚餐！

● 不僅肉類，有味噌調味的蔬菜也是絕佳的美味。

做法

1. 雞腿肉去除多餘的脂肪和筋，放入塑膠袋中，並倒入A調味料混合均勻進行醃漬，時間至少3小時。

2. 將烤箱預熱至220℃。烤盤鋪上烘焙紙，將醃漬好的雞肉，皮朝上排放，並將蔬菜圍繞在雞肉的周圍。蔬菜撒上鹽、胡椒粉，並淋上橄欖油，放進烤箱烤20至25分鐘。

3. 將烤好的雞肉取出，並搭配蔬菜擺盤。最後將烤盤上的油汁淋在肉和蔬菜上，再依個人口味添加七味粉和美乃滋即可。

> 將A調味料均勻塗抹在雞肉上，使其充分滲透入味。

> 蔬菜淋上橄欖油以後，能夠使其入味且更加多汁。

多汁鹽味烤豬肉

燉鍋

不用烤箱，而是用鍋子來料理，這樣不僅豬肉鮮嫩多汁，吸收了肉汁的蔬菜也是一道佳餚。

材料（2～3人份）

豬里肌肉（整塊）… 400公克
馬鈴薯 … 2個（保留皮，切成4等份）
洋蔥 … 半顆（切薄片）
胡蘿蔔 … 1小條（100公克／縱切成4等份後，再對半切）
蒜頭 … 2瓣（刀背壓碎，然後用手撥碎）

A ┌ 鹽 … 1又1/2小匙
　├ 黑胡椒 … 適量
　├ 橄欖油 … 1大匙
　└ 月桂葉 … 2片

橄欖油 … 1大匙
料理酒 … 80cc
黑胡椒、顆粒芥末籽 … 依個人喜好添加適量

〈 檸檬奶油醬 〉

┌ 奶油 … 15公克
├ 醬油、蜂蜜 … 各1小匙
└ 檸檬汁 … 1/2小匙

※將上述材料混合後，用微波爐加熱1分鐘即可。

做法

1. 將豬里肌肉和A材料依序放入塑膠袋，每加入一項都揉捏均勻，醃漬6小時至隔夜備用。

2. 在厚底鍋中倒入橄欖油，燒熱後，放入醃漬好的豬肉，煎至表面金黃，然後取出備用。

3. 使用同個鍋子，倒入馬鈴薯、洋蔥、胡蘿蔔、大蒜，撒上一撮鹽拌炒。待油均勻裹上蔬菜後，加入步驟2已煎好的豬肉，倒料理酒，待湯汁沸騰後，蓋上鍋蓋，轉小火蒸煮30分鐘。

4. 取出豬肉，轉大火，繼續拌炒蔬菜讓水分蒸發。將豬肉切片，與蔬菜一同盛盤，淋上〈檸檬奶油醬〉。最後依個人口味撒上黑胡椒，並搭配芥末籽享用。

AYA'S POINT

- 即使豬肉已經煮熟，但由於蛋白質變性，切開後可能會有淡粉色的肉汁。如果肉汁呈現鮮紅色，則表示肉不夠熟，需要再煮。

- 特意將洋蔥切成薄片，可以讓其甜味和風味更均勻地滲透到整道菜中。

- 可以根據喜好，加入百里香或迷迭香等香草一起醃漬，增添風味。

用橄欖油醃漬可鎖住水分，使豬肉更鮮嫩多汁。

月桂葉容易燒焦，因此在煎的時候須取出，等到燉煮時再加入。

用竹籤刺肉時流出的肉汁為透明色，表示肉已經熟透。

PART 2　即使放著不管也能完成──幾乎不用顧的料理

蘿蔔燉雞肉粉絲煲

燉鍋

用大量的酒和薑來燉煮,使得味道醇厚,是一道溫暖身心的料理。

材料（2～3人份）

- 翅小腿（小棒腿）… 8支（360公克）
- 白蘿蔔 … 1/3條（淨重400公克／切成銀杏葉狀）
- 薑 … 30公克（連皮薄切）
- 春雨粉絲 … 30公克
- 料理酒 … 200cc
- 水 … 400cc
- 芝麻油 … 3大匙
- 醬油、味醂 … 各2大匙
- 大蔥（取蔥綠部分，切段）… 1支
- 鹽、胡椒粉 … 各少許
- 小蔥 … 依個人喜好添加少許（切末）

AYA'S POINT

- 由於帶骨肉可以釋放出豐富的湯汁，所以只用簡單的調味料也能帶出濃郁的味道。
- 如果有時間的話，等湯冷卻後再加熱，味道可以更好地滲透，提升整體美味。

做法

1. 在鍋中加入芝麻油和薑片，用中火煸炒，直至薑片邊緣變酥脆。

2. 放入翅小腿，炒至表面變白。倒入料理酒煮沸，酒精揮發後，再加水和白蘿蔔。

3. 再度煮沸後，撇除浮沫，倒入醬油、味醂，並放上蔥段，蓋上鍋蓋，以小火燉煮30分鐘。

4. 直接放入乾燥的春雨粉絲，熄火，將湯靜置冷卻。食用前重新加熱，根據口味加鹽和胡椒粉調味。盛盤時將煮得熟爛的蔥段拿掉，最後撒上蔥花裝飾即可。

> 將生薑的香氣充分地融入芝麻油中，讓味道更加突出。

> 煮的時候加入大量的酒，能讓骨頭釋放出豐富的湯汁。

> 添加調味料和大蔥後，就可以暫且擱置不管了！

千層白菜燉肉

燉鍋

多汁的肉餡搭配層層疊疊的軟嫩白菜，
入口即化的美味，
打造出中華風味的千層燉煮料理。

材料（2～3人份）

大白菜 … 1/4顆（淨重約600公克／切成大塊）
大蔥 … 半支（切末）
混合絞肉 … 300公克

A
- 雞蛋 … 1顆
- 鹽 … 1/2小匙
- 片栗粉 … 1大匙
- 薑泥 … 1小匙
- 胡椒粉 … 少許

B
- 水 … 200cc
- 料理酒 … 50cc
- 醬油、味醂 … 各2大匙
- 蠔油 … 1大匙

鹽、胡椒粉 … 各少許
片栗粉水（片栗粉1大匙：水1大匙）
芥末籽粉、小蔥 … 依個人喜好添加少許

AYA'S POINT

- 特意使用絞肉，就是為了呈現中式燉肉丸的口感。搭配芥末籽粉也很美味！
- 大白菜用量十足！經過長時間燉煮，菜的鮮甜全都滲入湯汁中，完美結合。

做法

1. 將絞肉、蔥花和 A 材料放入碗中，攪拌至肉餡出現黏性。

2. 在直徑約20公分的鍋中，鋪上大白菜梗（白色部分），放入一半的肉餡。再疊上大白菜，接著放上剩餘的肉餡料，最後蓋上一層大白菜。倒入攪拌均勻的 B 調味料，蓋上鍋蓋，煮沸後轉小火燉煮約50分鐘。

3. 熄火後，小心切開，以免刮傷鍋底，將料理擺盤。檢查煮汁的味道，加入適量鹽和胡椒粉調味。再次加熱，加入片栗粉水勾芡。煮好的濃稠湯汁，淋在盛盤的白菜千層肉上，撒上切碎的小蔥，並搭配芥末籽粉享用。

> 攪拌至肉餡呈現淡白色表示均勻，這樣即使經過燉煮也能保持多汁口感。

> 將大白菜厚實的部分放在底層，上層則鋪上葉片，層次分明更易燉煮。

> 層層疊好後就可以放著燉煮，完成後直接在鍋中用刀切分，方便又省事。

平底鍋

懶人版義式水煮魚

不用等特別的日子，
買了鱈魚片就可以輕鬆完成。
還可以享受蔬菜的美味，
令人回味無窮！

材料（2～3人份）

鱈魚 … 2～3個切片（250公克）
冷凍綜合海鮮 … 100公克（如有結霜，用流水沖洗）
小番茄 … 8顆
青花菜 … 100公克（切成小朵）
蒜頭 … 1瓣（切末）
綠橄欖 … 有的話，8顆
乾燥奧勒岡葉 … 有的話，加入適量
料理酒 … 60cc
橄欖油 … 3大匙
醬油 … 1小匙
黑胡椒 … 適量

AYA'S POINT

- 雖然製作簡單，但成品看起來是豪華佳餚。
- 吸收了海鮮鮮味的青花菜和軟嫩小番茄，滋味絕佳！

做法

1. 鱈魚片兩面撒上適量鹽，靜置10分鐘，再用廚房紙巾擦去表面滲出的水分。

2. 在平底鍋中，放入步驟1醃好的鱈魚片、冷凍綜合海鮮、小番茄、青花菜、綠橄欖。撒上蒜末和乾燥奧勒岡葉，倒入料理酒和橄欖油，蓋上鍋蓋，蒸煮6至7分鐘。

3. 最後加入醬油煮至沸騰，期間試試看蒸煮汁的味道，如果不夠味，可以再加適量的鹽和胡椒粉調味。盛盤後撒上黑胡椒即可。

只需將材料放入鍋中，放著蒸煮即可完成，輕鬆快速！

最後再加入醬油調味，味道更適合搭配白飯！

平底鍋版 馬鈴薯燉肉

平底鍋

不需要長時間燉煮，
所以不會煮得過爛，
卻能充分入味。

材料（2～3人份）

牛邊角肉（五花肉或肩胛肉）… 200公克
馬鈴薯 … 4個（450公克／切成稍大的塊狀）
洋蔥 … 2大顆（切成8等份的月牙形）
胡蘿蔔 … 1大條（200公克／切成不規則狀）
鹽 … 1小匙
冷凍四季豆 … 有的話，8根（對半切）

A ｜ 水 … 100cc
　｜ 砂糖（建議使用黑糖）… 2大匙

B ｜ 料理酒 … 100cc
　｜ 醬油、味醂 … 各3大匙

AYA'S POINT

- 火力保持中火即可（火太大容易煮爛且味道過重，火太小則熟不透）。
- 雖然總時間包含冷卻時間較長，但實際動手時間只有幾分鐘而已。
- 可以做出大量成品，吃不完的量可以切碎，二次加工成可樂餅或用作煎蛋捲的餡料，衍伸更多吃法。

做法

1. 平底鍋中撒上鹽，按照洋蔥、胡蘿蔔、馬鈴薯的順序疊放。加入 A 調味料後，蓋上鍋蓋，用中火蒸煮12分鐘。同時，預先混合好 B 材料。

2. 將所有食材混合後，熄火，放上牛肉和冷凍四季豆，淋上 B 調味料。蓋上鍋蓋，再次蒸煮12分鐘。

3. 打開鍋蓋，用筷子或湯匙將肉撥散，從底部輕輕翻攪混合。熄火後，讓它保持原樣冷卻至室溫。食用前重新加熱即可。

> 在底部撒鹽後蒸煮蔬菜，能更快釋放水分。

> 把肉當作蓋子一樣覆蓋蔬菜，再倒入調味料蒸煮。

> 料理冷卻，再重新加熱，能讓味道更好地滲入。

青花菜鹽味燉雞

平底鍋

青花菜燉煮至軟爛,融入帶有蒜香的濃郁醬汁,與雞肉完美結合,風味十足。

材料（2～3人份）

雞腿肉 … 2小片
（500公克／每片切成4等份，撒上鹽和胡椒粉）
青花菜 … 1顆（去梗，約200公克，分成小朵）
洋蔥 … 半顆（切成薄片）
蒜頭 … 2瓣（刀背壓碎，然後用手撥碎）
橄欖油 … 3大匙
鹽、胡椒粉 … 各少許

A ｜ 料理酒 … 50cc
　｜ 鹽 … 1又1/4小匙
　｜ 乾燥奧勒岡葉 … 有的話，適量

黑胡椒、檸檬汁、顆粒芥末籽 … 依個人口味添加適量

AYA'S POINT

- 軟甜的青花菜，搖身一變成為肉類的完美佐料！
- 將雞腿肉切得稍大一些，可以保留肉汁。
- 如果沒有新鮮檸檬，也可以使用市售的檸檬汁。

做法

1. 平底鍋中倒入橄欖油，放入蒜頭和洋蔥，開火翻炒至洋蔥變軟。再將雞肉皮朝下放入鍋中，煎至金黃。
   ※如果蒜頭看起來快變焦，就放在肉上，以防烤焦。

2. 當雞腿肉的皮變得酥脆時，翻面撥至一邊，空隙處則放入青花菜，再加入可以讓食材稍微露出的水量和 A 材料，用中火燉煮30至40分鐘。

3. 當湯汁減少時，反覆翻動雞腿肉，讓其充分吸收味道，直到湯汁收乾。用夾子將青花菜稍微壓碎，盛盤擺放。最後根據口味撒上黑胡椒、檸檬汁，搭配顆粒芥末籽。

擠上新鮮檸檬汁會讓味道更加濃郁。

在放入洋蔥之前，要確保雞腿肉的皮煎至金黃色。

一開始儘量讓雞腿肉浸泡在煮汁中，靜置讓味道滲透。

不要煎得太乾，保留些微溼潤的感覺！

芝麻油香白蘿蔔燉魷魚

平底鍋

這道菜只需燉煮，就能讓魷魚變得非常柔軟，而吸滿高湯的白蘿蔔更是美味絕倫。

材料（2～3人份）

魷魚 … 1大隻（去除內臟，220公克／切成圓圈狀）
白蘿蔔 … 1/3條
　　（淨重400公克／切成1.5公分厚的銀杏葉狀）
胡蘿蔔 … 半條（80公克／切成不規則狀）
薑 … 1片（切細絲）

A
- 水 … 300cc
- 料理酒、味醂 … 各3大匙
- 醬油 … 4大匙
- 砂糖 … 1大匙

冷凍四季豆 … 有的話，8根（對半切）
芝麻油 … 適量
芥末籽粉 … 依據個人喜好添加

AYA'S POINT

- 魷魚若沒有快速煮熟或完全燉煮透的話，可能會變得偏硬。但只要和白蘿蔔一起煮，就會變得出奇的柔軟。
- 最後加入一些芝麻油，會使味道更加開胃！不僅適合配白飯，作為下酒菜也美味。

做法

1. 在平底鍋中放入 A 材料、薑絲、白蘿蔔和胡蘿蔔，開火，煮至沸騰後加入魷魚。

2. 蓋上鍋子，用小火燉煮30至40分，直到白蘿蔔煮熟。

3. 加入冷凍四季豆，再次煮沸，熄火後拌勻，讓其冷卻至室溫。食用前重新加熱後，撒上芝麻油並上桌。可以選擇搭配芥末籽粉。

> 若是市售的食材，魷魚應該處理過，只需要放入平底鍋中煮就好了。

> 所有材料放入後，就可放置不管。這樣燉煮，魷魚就會變得軟嫩。

和風千層高麗菜豬肉

燉鍋

只需層層堆疊後燉煮。
經過充分燉煮，
蔬菜的風味會變得更加濃郁迷人。

材料（2～3人份）

- 豬五花肉 … 200公克（切成4公分寬）
- 高麗菜 … 半顆（切大片）
- 胡蘿蔔 … 1小條（100公克）
- 鹽、胡椒粉 … 各適量
- A ┌ 水 … 250cc
    └ 白高湯、料理酒 … 各60cc
- 黑胡椒 … 依個人喜好添加適量

做法

1. 在鍋底先鋪上1/4份量的高麗菜，再鋪上1/3份量的胡蘿蔔絲，第三層則放上1/3份量的豬五花肉，撒上鹽和胡椒粉。重複此步驟2次，最後將剩餘的高麗菜覆蓋在最上面。

2. 加入A材料，蓋上鍋蓋，用中火煮約5分鐘，待煮沸後轉小火繼續燉煮40～50分鐘。

3. 期間品嘗湯汁的味道，如果味道不足可加入適量的鹽。熄火後，用刀小心地將菜切開，裝盤，根據喜好撒上黑胡椒。

> 將高麗菜、胡蘿蔔、豬五花按順序疊放。

> 最後用高麗菜覆蓋在頂部，加入A，放置燉煮即可。

> 當湯的量減少到原來的1/3時，就是美味即將完成。

爐烤薄鹽鯖魚和番茄

烤箱

PART 2 即使放著不管也能完成──幾乎不用顧的料理

不論是當下飯菜，還是下酒菜都很適合。
讓平凡的烤魚變得更有格調。

材料（2～3人份）

- 薄鹽鯖魚排 … 2片（去骨／切成三等份）
- 番茄 … 1顆（切成8～12等份的月牙形）
- 舞菇 … 100公克（撕成小朵）
- 大蒜 … 1大瓣
- 橄欖油 … 2大匙
- 鹽、胡椒粉 … 各適量
- 巴西里 … 有的話，少許

做法

1. 將烤箱預熱至220℃。將蒜頭切末，與橄欖油混合備用。

2. 烤盤鋪上烘焙紙，擺放番茄、鯖魚和舞菇，並淋上步驟1中混合好的香蒜橄欖油。

3. 均勻撒上鹽和胡椒粉，放入預熱好的烤箱中烤20分鐘。取出後盛盤，並將烤出的肉汁淋在整道料理上，最後撒上巴西里裝飾即可。

將蒜末浸泡在橄欖油中，可以防止燒焦，還能為菜品增添香氣。

確保將舞菇充分塗抹上步驟1中的橄欖油，可以減少其燒焦的可能性。

PLUS ONE
把花椰菜、蘆筍、秋葵拿來一起烤也不錯！

香烤雞肉和蔬菜 〔烤箱〕

烤箱料理的經典之作，讓人想一烤再烤的好滋味。山藥作為配菜更是美味可口。

材料（2～3人份）

雞腿肉 … 2小片（500公克）
山藥 … 200公克（切成不規則大塊）
蘆筍 … 3至4根（切成3公分段）
A ┌ 料理酒、醬油 … 各1大匙
　└ 蠔油、番茄醬 … 各2大匙
鹽、黑胡椒、橄欖油 … 各適量

做法

1. 雞腿肉去除多餘的脂肪和筋，輕輕劃開筋膜後放入保鮮袋，加入 A 調味料，醃漬至少3小時。

2. 預熱烤箱至220℃。準備烤盤，鋪上烘焙紙，將步驟1的雞腿肉皮面朝上擺放，並在周圍放進蔬菜。把鹽和黑胡椒均勻撒在蔬菜上，淋上橄欖油，放入烤箱烤20～25分鐘。

3. 將烤好的雞腿肉與蔬菜擺盤，並將烤盤裡剩餘的肉汁淋在肉與蔬菜上即可。

早上醃漬，晚上直接烹調，準備飯菜就變得輕鬆愜意！

蔬菜撒上足夠的鹽和黑胡椒會更好。

PLUS ONE

蔬菜可以換成其他薯芋類、菇類、根莖類蔬菜、秋葵或甜椒，味道同樣美味！

平底鍋

梅子鹽昆布蒸蘿蔔五花肉

不用長時間燉煮的美味吃法。
即使沒有胃口,
也能夠帶來開胃爽口之效。

材料(2～3人份)

豬五花肉(涮涮鍋用)… 250公克
白蘿蔔 … 1/4條(淨重300公克)
日本水菜 … 2株(切成3公分段)
梅乾 … 2～3個
鹽昆布 … 10公克
料理酒 … 3大匙
白芝麻、柚子醋 … 依個人喜好添加適量

做法

1. 將白蘿蔔去皮,用削皮器將其刨成絲帶狀,放入平底鍋中。依序鋪上水菜和豬五花肉。

2. 將撕碎的梅乾和鹽昆布放在最上層,倒入料理酒,蓋上鍋蓋,用中小火蒸煮5～6分鐘。

3. 當豬肉變色後,撒上適量白芝麻,並搭配柚子醋作為沾醬享用。

用削皮器刨成絲帶狀的白蘿蔔,燉煮時間短且易熟透,口感更柔軟好入口!

» 將梅乾和鹽昆布放上,只需用料理酒蒸煮,放著即可完成!簡單又方便。

PLUS ONE
完成後,直接將整個平底鍋端到餐桌上享用。

蒸涮鍋 平底鍋版

平底鍋

這道菜是疲憊時的必備菜單。用這種醬汁料理，孩子們也會愛上吃蔬菜。

材料（2～3人份）

豬肩肉片（涮涮鍋用）… 300公克
豆芽菜 … 1袋（200公克）
高麗菜 … 1/4顆（切絲）
胡蘿蔔 … 1/4條（40公克／切絲）
韭菜 … 半束（切成3公分段）
香菇 … 3～4朵（切薄片，根部用手撕）
料理酒 … 3大匙
鹽、胡椒粉 … 各適量

〈 芝麻柚子醬 〉
- 白芝麻醬 … 3大匙
- 柚子醋 … 4大匙
- 味噌、芝麻油 … 各1大匙
- 砂糖 … 1小匙
- 蒜末 … 依個人喜好添加少許

做法

1. 在一個大平底鍋中，依序放入胡蘿蔔、高麗菜、豆芽菜、香菇和韭菜。

2. 豬肉片盡量攤平，避免重疊的放在蔬菜上。撒上適量的鹽和胡椒粉，倒入料理酒，蓋鍋蒸煮約7至8分鐘。

3. 打開鍋蓋，用筷子或鍋鏟將肉塊撥散，將蔬菜粗略地攪拌在一起，盛裝在盤子裡。淋上調好的〈 芝麻柚子醬 〉，即可食用。

> 將所有蔬菜放入鍋中，然後將肉均勻鋪在上面。

> 只需撒上鹽和胡椒粉進行蒸煮，就能輕鬆完成！

> 將肉粗略撥開，連同平底鍋一起端上餐桌也很不錯。

雞肉番茄炊飯

電鍋

按下電鍋，一鍵搞定的單品料理！
儘管不辣，卻有著異國風的美食魅力。

即使放著不管也能完成──幾乎不用顧的料理

材料（2～3人份）

雞腿肉 … 1片
　（300公克／切成2公分大小的塊）
生米 … 2杯
胡蘿蔔 … 1/4條（40公克／切成1公分的小丁）
洋蔥 … 半個（切成1公分的小丁）
甜椒 … 半顆（切成1公分的小丁）

A
- 番茄醬 … 1大匙
- 醬油 … 2小匙
- 咖哩粉 … 1小匙

B
- 伍斯特醬 … 1大匙
- 番茄醬 … 2大匙
- 高湯粉 … 1小匙
- 鹽 … 1/2小匙

荷包蛋或溫泉蛋（做法見P110）、
　黑胡椒 … 依個人喜好添加適量

做法

1. 將雞腿肉放進保鮮袋中，加入 **A** 調味料揉勻，靜置10分鐘醃漬。

2. 將洗淨的米放入電鍋內鍋，加入 **B** 調味料，並注入比2杯水稍少的水量，攪拌均勻。

3. 再加入胡蘿蔔、洋蔥、步驟**1**的醃漬雞肉，啟動煮飯鍵。炊飯結束後，放入甜椒，充分攪拌並繼續燜10分鐘以上。盛盤後，可隨意加入荷包蛋或溫泉蛋，撒上黑胡椒。

> 直接在購買的保鮮盒中醃漬雞肉也沒問題，方便快速。

> 只需將材料放進電鍋，接下來交給機器，簡單省事！

> 可用青椒替代甜椒，風味同樣出色。

味噌奶油燉地瓜和豬肉

平底鍋

甜鹹美味，令人食指大動！我們家秋冬的人氣菜單。

材料（2～3人份）
地瓜 … 300公克（切成1公分厚的圓片）
豬五花肉片 … 200公克（切成4公分寬）

A
- 水 … 100cc
- 味醂 … 3大匙
- 味噌、料理酒 … 各2大匙
- 醬油 … 1小匙

奶油 … 10公克
小蔥 … 依個人喜好添加適量

做法

1. 將地瓜浸泡在水中5分鐘，然後放入平底鍋中。將豬五花肉片平鋪在地瓜上面。倒入混合好的 A 調味料，蓋上鍋蓋，以中火煮至沸騰後轉小火，燉煮13～14分鐘。

2. 打開鍋蓋，加大火力繼續攪拌，直到湯汁快收乾時，加入奶油拌勻。盛盤後，可以根據喜好撒上蔥花。

> 豬五花肉片平鋪在地瓜上面，加入調合好的A，蓋上鍋蓋，用小火燉煮。

> 最後，加大火力，加入奶油迅速拌炒均勻。

PLUS ONE
地瓜推薦選擇甜度高且質地細緻的品種。例如紅春香地瓜，或是絹蜜（Silk Sweet）等。

自製番茄醬雞肉炊飯

電鍋

番茄醬清爽可口，深受孩子喜愛，讓人忍不住再來一碗！

PART 2 即使放著不管也能完成－－幾乎不用顧的料理

材料（2～3人份）

雞胸肉 … 2小片（約500公克，可根據喜好去皮）
生米 … 2杯
大蔥（蔥綠部分）… 1支
薑 … 1片（連皮薄切）

A ┌ 料理酒 … 2大匙
　└ 鹽、砂糖 … 各1小匙

B ┌ 鹽 … 1/2小匙
　└ 芝麻油 … 1大匙

〈 手工番茄醬 〉

番茄 … 1顆（切丁）
大蔥 … 半支（切末）
魚露（或醬油）、蠔油 … 各1大匙
檸檬汁、芝麻油 … 各1小匙
蒜末 … 1/2小匙

做法

1. 將雞胸肉放入保鮮袋中，加入 A 調味料，充分揉搓均勻，靜置10分鐘（也可以醃漬過夜）。

2. 將洗淨的米和 B 調味料放入電鍋內鍋，加入略少於2杯刻度的水，混合均勻。放上步驟1的醃漬雞胸肉、蔥段和薑片，開始煮飯。煮熟後，先取出雞肉、蔥段和薑片，飯攪拌均勻後，雞肉切成小塊放入，即可盛裝於盤。（若是給孩子的，可以將雞肉撕碎，更容易食用。）

3. 製作〈 手工番茄醬 〉，先將蔥花放入空碗中，用微波爐加熱30秒，接著加入剩餘的材料，攪拌均勻。完成後，即可倒在步驟 2 的料理上。

醃肉時，用手的溫度揉至常溫，更能讓雞肉炊煮後保持溼潤滑嫩。

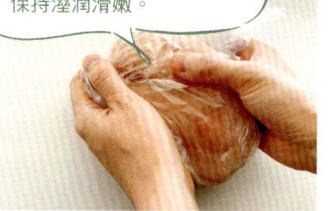

加入蔥段和薑片，炊飯時就不需額外添加高湯。

番茄醬中的蔥加熱後，去除了辛辣味，變得溫和。

雞肉牛蒡糯米風炊飯 電鍋

加入切片年糕後，能帶來如同糯米飯般的口感。

材料（2～3人份）

雞腿肉 … 1小片（250公克／切成1.5公分塊）
生米 … 2杯
油豆腐 … 1塊（去油後切短條）
牛蒡絲（水煮）… 100公克（瀝乾水分）
胡蘿蔔 … 50公克（切細絲）
切片年糕 … 1個（50公克／切成1公分的小丁）
A ［料理酒、醬油 … 各2小匙
B ［味醂、醬油 … 各1又1/2大匙
　 蠔油、芝麻油 … 各1大匙
　 雞高湯粉 … 1小匙
小蔥 … 依個人喜好適量（切末）

做法

1. 將雞腿肉與 A 調味料醃漬，靜置10分鐘。

2. 生米洗淨後放入電鍋內鍋，加入 B 材料，並加水至略少於2杯刻度，混合均勻。再放年糕、油豆腐、牛蒡和胡蘿蔔，以及步驟1的雞肉，啟動煮飯鍵。

3. 煮飯完成後，將白飯與其他食材攪拌均勻，再燜10分鐘。最後盛盤，根據喜好撒上蔥花即可。

海帶芽大豆五目炊飯 電鍋

以大豆作為豐富的蛋白質和營養，適合做成飯糰帶著吃。

材料（2～3人份）

大豆 … 100公克（水煮後瀝乾水分）
生米 … 2杯
油豆腐 … 1片（去油後切成細條）
乾燥海帶芽 … 10公克
　（用水泡發並擠乾水分）
胡蘿蔔 … 50公克（切細絲）
香菇 … 2朵（切薄片）
A ［醬油、料理酒、味醂 … 各2大匙
　 和風高湯粉 … 2小匙
　 鹽 … 1/2小匙

做法

1. 生米洗淨後放入電鍋內鍋，加入 A 調味料，加水至2杯的刻度，混合均勻。

2. 將所有配料放在米上，開始煮飯。煮飯完成後，將飯與配料攪拌均勻，再燜10分鐘，即可享用。

雞肉風味炊飯 電鍋

無論直接食用還是作為蛋包飯基底,都是簡單又美味的選擇。

材料(2〜3人份)

雞腿肉 … 1小片(250公克)
生米 … 2杯
洋蔥 … 半顆(切成粗末)
胡蘿蔔 … 50公克(切成粗末)
青椒 … 2顆(切碎)

A ┌ 料理酒 … 1大匙
　├ 鹽 … 兩小撮
　└ 黑胡椒 … 少許

B ┌ 橄欖油 … 1大匙
　├ 高湯粉 … 2小匙
　└ 鹽 … 1/2〜2/3小匙

奶油 … 10公克
黑胡椒 … 依個人喜好適量

做法

1. 將雞腿肉切成2公分方塊,加入 A 調味料拌勻,靜置10分鐘。

2. 生米洗淨後放入電鍋內鍋,加入 B 材料,並加水至略少於2杯刻度,混合均勻。接著加入洋蔥、胡蘿蔔和步驟1的雞肉,啟動煮飯鍵。

3. 煮飯完成後,加入青椒和奶油攪拌均勻,靜置燜10分鐘以上。盛盤後,可依個人口味撒上黑胡椒。

小番茄香腸風味炊飯 電鍋

用家中常備的食材,打造簡單又時尚的炊飯。

材料(2〜3人份)

生米 … 2杯
香腸 … 5〜6根
小番茄 … 10顆
大蒜 … 1瓣(切末)
橄欖(綠色或黑色)
　… 有的話,8個

A ┌ 料理酒、橄欖油 … 各1大匙
　├ 鹽 … 2/3小匙
　└ 高湯粉 … 1小匙

巴西里、黑胡椒 … 依個人喜好適量

做法

1. 將香腸切成圓片,小番茄切成兩半。

2. 生米洗淨後放入電鍋內鍋,加入 A 調味料並攪拌均勻,然後將小番茄放在米上。加水至2杯的刻度,再將香腸、橄欖和蒜末放在米上,啟動煮飯鍵。

3. 煮飯完成後,將飯混合均勻,靜置燜10分鐘以上。盛盤後,可依個人口味撒上巴西里和黑胡椒。

PART
3

適合在各時段享用，
冷掉也美味的配菜

精選適合提前醃漬或燉煮入味的料理，
以及搭配片栗粉或蛋液後，能保留軟嫩口感的食譜，
其中富含了冷掉也能保持美味的巧思。
特別適合有時間差，不能一起用餐的家庭成員，
還能作為隔天的便當菜色！

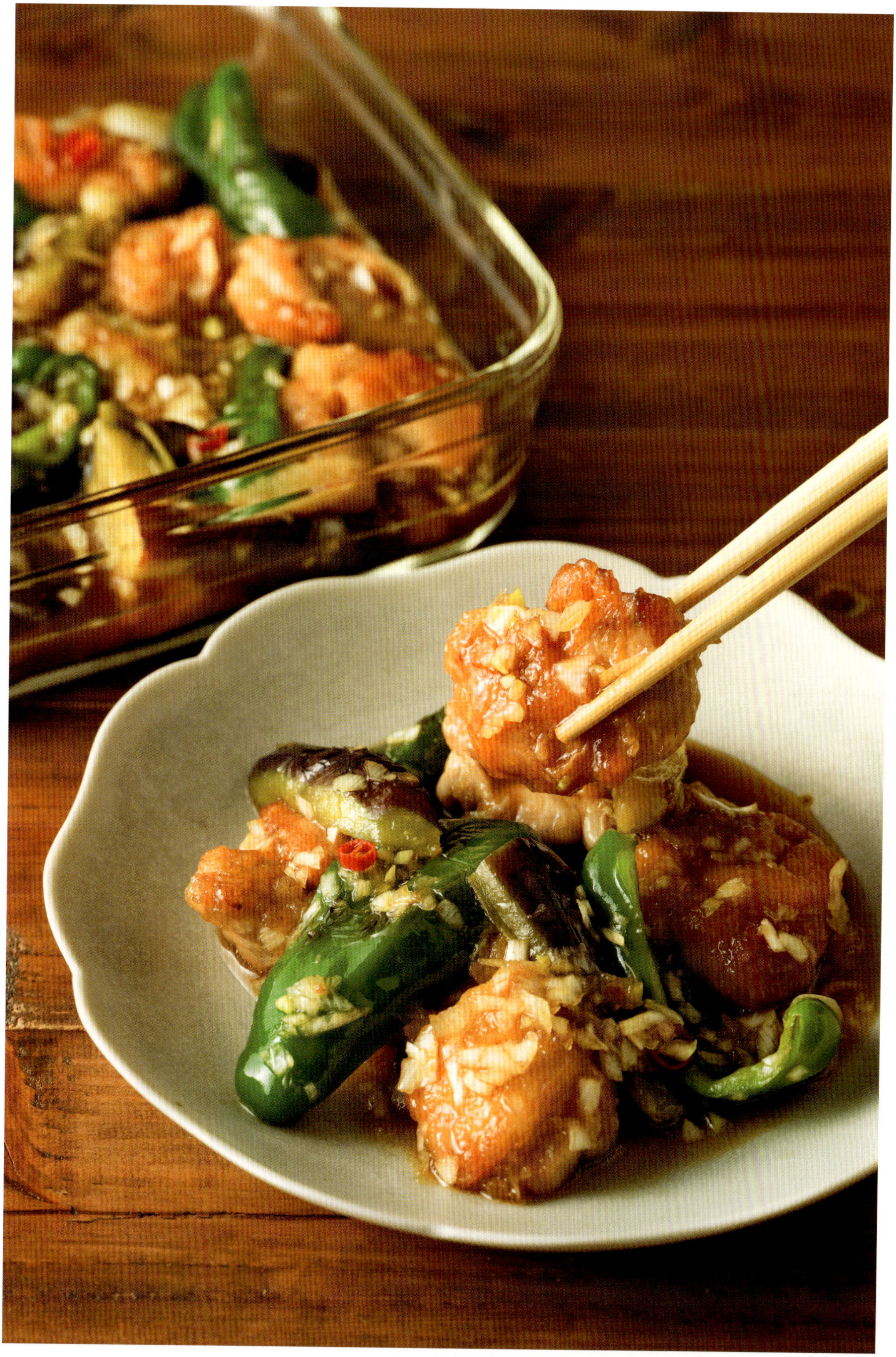

這道料理隨著時間的推移，醬汁越入味越好吃，冷藏後食用也別有一番風味。

中式南蠻漬雞肉和夏蔬

材料（2〜3人份）

雞腿肉 … 1片（300公克／切成一口大小）
茄子 … 2條
　（削成條紋狀，縱切成4等分，再切成半段）
青椒 … 2〜3顆（縱切成4等分）
大蔥 … 半支（切末）
A [醬油、料理酒 … 各1小匙
片栗粉 … 2大匙
芝麻油 … 3大匙
切片辣椒 … 依個人喜好添加

B [醬油、醋 … 各2大匙
　　蠔油、砂糖 … 各1大匙
　　蒜末、薑泥 … 各1/2小匙
　　雞高湯粉 … 1/2小匙
　　水 … 50cc

AYA'S POINT

- 出鍋後即使冷掉也美味的配菜，是我們家的常見備菜。
- 即使多做一倍的量，製作起來也很方便。青椒可以替換成秋葵。

做法

1. 將蔥花、切片辣椒和 B 材料放入碗中混合備用。雞腿肉用 A 調味料醃漬，並撒上片栗粉輕輕拌勻。

2. 在煎鍋中加入芝麻油，燒熱後，放入步驟1的雞腿肉、茄子（皮朝下擺放）。蓋上鍋蓋，用中火蒸煎約4分鐘，然後翻面，不蓋鍋蓋再煎2〜3分鐘。當雞肉、茄子煮熟時取出，放入步驟1的調味料碗中浸漬。

3. 繼續使用同一個鍋子煎青椒，煎至有烤痕後，將青椒也放入同一個碗中攪拌浸漬，即可上桌享用。

> 調味料充分浸入食材後，不論是剛做好的或冷掉的都會很美味。

> 打開鍋蓋時，請注意不要讓水分回流到鍋中。

> 當熱騰騰的食材放入時，蔥的辛辣味也會變得溫和。

菠菜滿滿的韓式烤肉

菠菜是增添風味的美味祕訣！和烤肉甜鹹交融，份量十足，令人滿足。

材料（2～3人份）

牛肉片（肩里肌或五花）… 200公克
菠菜 … 1束（200公克／切成3公分段）
胡蘿蔔 … 1/4條（40公克／切細絲）
洋蔥 … 半顆（切薄片）

A ┬ 白芝麻、砂糖、醬油、料理酒、
　├　芝麻油、味噌、番茄醬 … 各1大匙
　├ 蠔油 … 1/2大匙
　└ 蒜末、薑泥 … 各1小匙

AYA'S POINT

- 即使不加韓式辣椒醬或辣椒，也能讓人滿足的韓式烤肉。
- 調味料種類雖多，但大多是同量，易於記憶。
- 搭配白飯和大量的菠菜，是連小朋友都會喜歡的菜單。

做法

1 先不開火，在平底鍋中加入 A 調味料，然後放入牛肉並攪拌均勻，靜置10分鐘，以便讓牛肉入味。

2 將胡蘿蔔絲和洋蔥片鋪在牛肉上，開火燒熱後，一邊炒一邊將牛肉撥散，翻炒均勻。

3 當牛肉變色後，加入菠菜，改用中大火快速翻炒，直到所有食材均勻混合，即可盛盤上桌。

> 在拌入牛肉前，務必將 A 調味料攪拌均勻，避免味道不均。

> 一邊加熱一邊將肉撥散，翻炒均勻。

> 菠菜務必瀝乾水分再下鍋炒。

南瓜和舞菇拌柚醋香脆豬肉

外酥內嫩的豬肉，
搭配清爽的柚子醋，
帶有日式炸物風格，
即使冷掉也依然美味。

材料（2～3人份）

豬肉片 … 250公克
南瓜切片 … 6片（對切半）
舞菇 … 100公克（撕成大朵）
鹽、胡椒粉 … 各少許
片栗粉 … 3大匙
米油 … 適量

A ┌ 柚子醋 … 60cc
　├ 砂糖 … 1大匙
　├ 水 … 2大匙
　└ 薑泥 … 1小匙

小蔥 … 適量（切末）

AYA'S POINT

● 豬肉切片即使浸漬後仍然能保持酥脆口感！無論現做或冷藏後食用都非常美味。

● 浸泡的醬料可直接使用，也能搭配其他蔬菜或菇類，如茄子、蓮藕、秋葵或櫛瓜，變化多樣，任意搭配都很好吃。

做法

1. 將A調味料放入碗中混合備用。豬肉片撒上鹽、胡椒粉調味，放入塑膠袋中，並加片栗粉，封口後搖晃，讓每片肉均勻裹上粉漿。

2. 在平底鍋中倒入足以覆蓋鍋底的米油，燒熱後，放入南瓜，煎約2分鐘至兩面微焦，取出浸入步驟1的醬汁碗中。接著在同一鍋中加入豬肉，盡量攤平煎至酥脆，翻面後繼續煎至兩面金黃，同樣取出並浸入同一個醬汁碗中。

3. 鍋中留少量油，用廚房紙巾稍微擦拭後，加入舞菇翻炒。煎好後，也一併放入醬汁碗中，再輕輕攪拌均勻。最後盛盤，撒上蔥花即可。

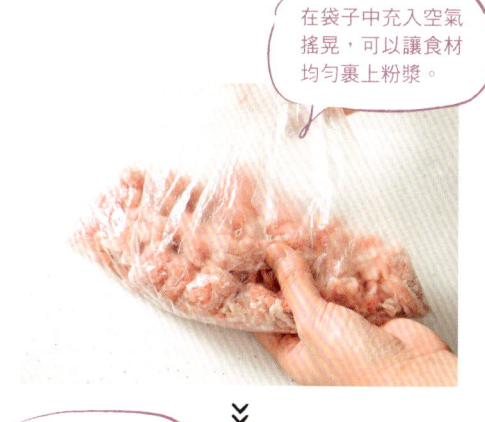

> 在袋子中充入空氣搖晃，可以讓食材均勻裹上粉漿。

> 將食材平攤開來，是為了增加表面接觸面積，能提升酥脆的口感。

> 攪拌食材時動作要輕柔，避免壓碎，舞菇也是需要輕輕翻動。

醬燒奶油蔥香鰤魚

蔥綠具有濃郁的香氣，
與鰤魚的油脂相得益彰。
特別是像醬汁般均勻裹在魚肉上，
能提升整體的美味。

材料（2～3人份）

鰤魚 … 2～3片
大蔥 … 1支（包含蔥綠，斜切薄片）
鹽 … 一小撮
芝麻油 … 2小匙
麵粉或米粉 … 適量
A ┌ 奶油 … 10公克
　├ 醬油 … 1大匙
　└ 蠔油 … 1小匙
柚子胡椒、黑胡椒 … 各適量

AYA'S POINT

- 蔥綠的部分，其實屬於綠黃色蔬菜，富含著營養。切薄後炒至柔軟，不僅無筋感，還能增添甜味。
- 鰤魚裹上麵粉後煎烤，能防止魚肉乾澀，且調味料容易附著，冷掉也依然美味。

做法

1. 將鹽均勻撒在鰤魚上，靜置10分鐘，再用廚房紙巾擦乾表面水分，並在表面撒上薄薄一層麵粉。

2. 在平底鍋中倒入芝麻油，燒熱後，放入鰤魚與大蔥。不要翻動鰤魚，用中火煎約3分鐘，直到表面酥脆，同時輕輕翻炒蔥避免焦燒。

3. 將鰤魚翻面，再煎約2分鐘，轉小火後加入A調味料，輕輕翻動使鰤魚與大蔥均勻沾附醬汁。盛盤後，可根據個人喜好撒上黑胡椒，並搭配柚子胡椒享用。

> 裹粉後可以鎖住水分，讓魚肉香氣濃郁。

> 煎至粉膜穩定後，再加入A調味料。

> 轉小火慢煮，讓醬汁充分滲入蔥與鰤魚，使其味道更加均勻濃郁。

小松菜混金針菇嫩滑雞肉丸

金針菇的黏性使小松菜的口感更加柔和，雞胸絞肉製成的肉丸也因此更加鬆軟滑嫩。

材料（2～3人份）

雞絞肉（雞胸或雞腿）… 250公克
金針菇 … 100公克（切掉根部並切成1公分長）
小松菜 … 半束（100公克）
芝麻油 … 1大匙
水 … 2大匙

A
- 雞蛋 … 1顆
- 片栗粉、料理酒 … 各1大匙
- 鹽 … 1/2小匙
- 胡椒粉 … 少許
- 薑泥 … 1/2小匙

B
- 醬油、味醂 … 各1/2大匙
- 砂糖 … 1大匙

白芝麻 … 依個人口味添加適量

AYA'S POINT

● 將味噌湯中的經典配料變成美味雞肉丸！金針菇不僅能增添黏性，還帶來鮮味，讓肉餡更美味。

● 如果不拌入B調味料，也適合分出來作為嬰幼兒副食品。

做法

1. 將小松菜根部修剪後包上保鮮膜，微波加熱2分鐘。浸入冷水降溫，再擠乾水分，切成1公分備用。

2. 將雞絞肉、金針菇，以及步驟1的小松菜和A材料混合，攪拌至有黏性。搓成小橢圓形，放入塗有芝麻油的平底鍋，開火，以中火煎至表面金黃（約2～3分鐘）。

3. 將肉丸翻面，加入適量水後蓋上鍋蓋，以小火蒸煮約6分鐘。掀蓋後加入B調味料，煮至醬汁收乾並呈光澤感，即可盛盤，撒上白芝麻裝飾。

加熱後體積縮減，能加入更多份量。

攪拌至出現黏性，讓肉餡與配料緊密結合。

要確保內部熟透。若作為嬰幼兒副食品可在此階段分出部分。

整顆青椒和梅子燉雞

青椒不切開,連皮帶籽一起享用,梅子的酸味為這道甘鹹煮物增添亮點。

材料（2～3人份）

雞腿肉 … 1片（300公克／切成一口大小）
青椒 … 8顆
薑 … 1片（切細絲）
梅乾 … 2～3個
鹽、胡椒粉 … 各少許
芝麻油 … 1大匙

A ┌ 水 … 200cc
　│ 料理酒、麵味露 … 各50cc
　└ 味醂 … 1大匙

柴魚片 … 1包（2～3公克）

AYA'S POINT

- 這道菜不僅冷卻後風味不減，放入冰箱冷藏後更是別有一番滋味。
- 完全冷卻後，湯汁會凝結如肉凍般，可輕易去除白色油脂，將煮凍當作醬料淋在菜餚上，風味極佳！
- 青椒整顆入鍋，經過慢煮後變得柔軟，能輕鬆多吃幾顆。

做法

1. 將雞腿肉撒上鹽和胡椒粉，靜置備用。

2. 在平底鍋中加入芝麻油，燒熱後，將步驟1的雞腿肉皮面朝下放入鍋中，同時用雙手輕壓青椒，將整顆壓扁後，放入鍋中一起煎至微焦。

3. 加入A調味料和薑絲，煮至沸騰後轉小火，輕壓梅乾，蓋上鍋蓋燜煮約20分鐘。熄火後加入柴魚片，靜置至冷卻，讓味道充分融合後即可享用。

> 雞肉只需煎至皮面金黃，青椒則需上下煎至有焦痕。

> 以小火燉煮，能讓雞肉保持溼潤不乾澀，口感更嫩滑。

黑胡椒洋蔥豬肉排

滿滿的黑胡椒與香氣十足的煎痕,是這道模擬「牛排風味」的豬肉料理精髓。

材料（2～3人份）

豬肉片 … 300公克
蘆筍 … 4～5根（切成4公分段）

A
- 雞蛋 … 1顆
- 麵粉或米粉 … 1/2大匙
- 鹽 … 1/3小匙
- 黑胡椒 … 1小匙

橄欖油 … 1大匙

〈洋蔥醬〉
- 洋蔥 … 半顆（切碎）
- 醬油、料理酒、味醂、水 … 各2大匙
- 蒜頭（切末）… 1/2小匙

黑胡椒、山葵 … 各適量

AYA'S POINT

- 用蛋液揉勻後煎，可以防止豬肉筋硬和乾柴，即使冷掉後也好吃。
- 煎到接近焦的金黃色和香氣，是「牛排風味」的關鍵。
- 即使加入大量黑胡椒也不會過於辛辣，反而更接近「牛排」的味道與香氣。

做法

1. 在平底鍋中加入橄欖油，燒熱後，放入蘆筍翻炒至熟。盛入盤中，撒上少許鹽。

2. 將豬肉片和 A 材料放入空碗中，充分揉勻後，將肉捏成一口大小的小塊，放入步驟1使用的平底鍋中。用中大火煎約3分鐘，翻面再煎2分鐘，然後將肉排放入盤中與步驟1的蘆筍一起擺盤。

3. 將〈洋蔥醬〉的所有材料放入平底鍋中，加熱煮至洋蔥變透明且收濃，再將醬汁均勻淋在步驟2的肉排與蘆筍上。最後撒上黑胡椒，也可搭配山葵一起享用。

將蘆筍或其他喜愛的蔬菜煎熟備用。

用鍋鏟將肉壓緊煎烤，使其呈現香脆的金黃色。

醬汁需細火慢煮，直到水分與洋蔥完全融合，散發濃郁風味為止。

香酥蝦仁竹輪拌美乃滋

在醬汁中加入優格，不僅不會變得厚重，還能帶來適度的酸味，是令人欲罷不能的美味。

材料（2～3人份）

蝦仁 … 150公克（去殼處理）
竹輪 … 4條（斜切成4等份）
片栗粉 … 2大匙
鹽、胡椒粉 … 各少許
米油 … 3大匙

A ┌ 原味優格 … 3大匙
　├ 美乃滋 … 2大匙
　├ 醬油、蠔油、砂糖、檸檬汁 … 各1小匙
　└ 蒜末 … 1/2小匙

萵苣切絲 … 適量
青海苔粉 … 適量

AYA'S POINT

● 用竹輪增加份量感！孩子們比起蝦仁，更喜歡竹輪。青海苔的香氣更是為整道料理加分。

● 優格調和了美乃滋的濃郁口感，讓這道蝦仁美乃滋既清爽又不膩，每次都成為家人搶食的焦點。

做法

1 蝦仁用鹽、胡椒粉調味後，與竹輪一同放入塑膠袋中，加入片栗粉搖勻，使其均勻裹粉。另取碗將A材料混合均勻備用。

2 在平底鍋中倒入米油，燒熱後，將步驟1中的蝦仁與竹輪平鋪入鍋。煎至表面酥脆後，撈起瀝油，再放進步驟1的碗中和醬料拌勻。

3 將萵苣絲鋪在盤底，將拌好的蝦仁與竹輪放在上面，撒點青海苔粉即可上桌。

> 先裹粉再煎，能讓醬汁更容易附著在食材上。

> 竹輪較易上色，建議先行取出瀝油。

> 最後別忘了撒上青海苔粉，也可直接拌入醬汁中。

味噌芥末醬拌雞胸肉和青花菜

味噌芥末醬，無論是搭配雞肉還是青花菜都絕配，讓人一口接著一口，回味無窮！

材料（2～3人份）

雞胸肉 … 1片（300公克／切薄片）
青花菜 … 100公克
（分成小朵，以鹽水汆燙至喜好的熟度）

A ┌ 雞蛋 … 1顆（攪散）
　└ 片栗粉、起司粉 … 各2大匙

橄欖油 … 1大匙

〈味噌芥末醬〉
┌ 美乃滋 … 2大匙
│ 顆粒芥末籽 … 1大匙
└ 味噌、蜂蜜、醬油 … 各2小匙

做法

1. 在碗中將 A 材料混合均勻，將雞胸肉浸入，均勻裹上。

2. 平底鍋倒入橄欖油，燒熱後，放進步驟 1 的雞胸肉，以中火煎約3分鐘，翻面後再煎1分半鐘，直至熟透。將雞肉盛出與煮熟的青花菜擺盤。

3. 淋上調和完成的〈味噌芥末醬〉，即可享用。

將雞胸肉裹上蛋液再煎，能讓肉質更為滑嫩多汁。

雞肉片有些沾黏也不用擔心，煎熟後會自然分開。

PLUS ONE
味噌芥末醬不僅適合雞肉，還可以跟豬肉和鮭魚搭配，非常美味。

青花菜起司漢堡排 佐BBQ醬

PART 3 適合在各時段享用，冷掉也美味的配菜

整顆青花菜入餡，營養滿分，搭配簡單的燒烤醬，風味十足。

材料（2～3人份）

混合絞肉 … 300公克
花椰菜 … 1小顆（去除莖部，200公克，鹽水煮熟並粗略切碎）
起司片 … 2片（切達起司／對半切）

A
- 雞蛋 … 1顆
- 片栗粉 … 2大匙
- 橄欖油 … 1大匙
- 鹽 … 2/3小匙
- 肉豆蔻、黑胡椒 … 各少許

橄欖油 … 1小匙
水 … 50cc

〈 BBQ醬 〉
- 燒肉醬 … 4大匙
- 番茄醬 … 3大匙
- 料理酒 … 1大匙

做法

1. 將混合絞肉、青花菜與A材料放入大碗中攪拌，混合至有黏性。分成4等份，一邊拍打出空氣，一變塑形為漢堡排，擺放至抹有橄欖油的平底鍋中。

2. 開中大火煎約3分鐘，直至金黃色後翻面，再煎1分鐘。加入水後蓋上鍋蓋，轉小火蒸煮8分鐘，至內部完全熟透。

3. 打開鍋蓋，放上起司片，再次蓋鍋約30秒，讓起司融化後取出盛盤。最後將〈BBQ醬〉倒入同一個平底鍋中，加熱至微濃稠，淋在漢堡排上即可。

以青花菜增加飽足感，即使不加洋蔥也很好吃。

先煎至上色後再翻面，可以防止形狀崩散。

若作為嬰兒食品，在未淋醬汁前分出一部分。

梅子醋拌豬肉和菠菜

用橄欖油拌過後,豬肉即使放一段時間,仍然是軟嫩多汁。

材料(3～4人份)

豬肩里肌肉片(涮涮鍋用)… 250公克
菠菜 … 1束(200公克)
鴻喜菇 … 100公克(分成小朵)
梅乾 … 2個(剁碎)

A ┌ 橄欖油、柚子醋 … 各3大匙
　└ 白芝麻、麵味露 … 各1大匙

做法

1. 菠菜用保鮮膜包好後,放入微波爐加熱約2分鐘,取出後放進冷水中降溫。稍微擰乾水分後,切成約3公分長。

2. 將水煮沸,放入鴻喜菇快速汆燙,撈起瀝乾。接著倒入約50cc料理酒,再次煮沸後,熄火分批加入豬肉片(每次約3～4片),汆燙至變色後撈起,與鴻喜菇一起瀝乾備用。

3. 在大碗中加入去籽搗碎的梅乾和A材料,攪拌均勻後,放入菠菜、豬肉片與鴻喜菇攪拌均勻,即可上桌。

菠菜可以選擇微波加熱或直接用水汆燙。

熄火後再燙豬肉,可以防止過度加熱,保持柔軟口感。

用橄欖油拌過後,豬肉即使常溫或冷藏也不會變乾柴。

烤玉米燒賣

以烤玉米為靈感，打造出香氣四溢的燒賣。即使用玉米罐頭，也能輕鬆完成這道料理！

PART 3　適合在各時段享用，冷掉也美味的配菜

材料（3～4人份）

- 豬絞肉 … 250公克
- 燒賣皮 … 16～20片
- 玉米 … 1根
  （剝粒，或使用約120公克的玉米罐頭）
- 大蔥 … 1/3支（切末）
- **A**
  - 料理酒、醬油、片栗粉 … 各1大匙
  - 蠔油 … 2小匙
  - 砂糖、芝麻油 … 各1小匙
  - 薑泥 … 1小匙
  - 胡椒粉 … 少許（依口味增減）
- 芝麻油 … 2小匙
- 水 … 50cc
- 柚子醋、辣油、芥末籽粉等 … 依個人喜好添加

做法

1. 將豬絞肉、玉米粒、大蔥以及 **A** 材料放入碗中，充分攪拌至出現黏性。

2. 在平底鍋中倒入芝麻油，均勻抹開。將步驟1的肉餡揉成適口大小的丸狀，放入鍋中並排列整齊。每個肉丸都包上一片燒賣皮，用中大火煎約2～3分鐘。

3. 加入適量的水，蓋上鍋蓋，以中小火蒸煮約6分鐘。打開鍋蓋後，如有剩餘水分，繼續加熱收乾，將燒賣底部煎至金黃。盛盤後，依個人喜好搭配醬油、辣油或芥末籽粉。

> 肉餡需充分混合至呈現白色黏稠狀。

> 一邊捏肉餡，一邊轉動，使側面也能粘附上燒賣皮。

> 蓋上鍋蓋蒸煎，最後開蓋略微煎至表面金黃上色即可。

烤鹽鯖魚佐日式燴蔬菜

鯖魚的油脂搭配清爽的蔬菜，使鹽鯖魚更加美味！

材料（2～3人份）

- 薄鹽鯖魚排 … 2片（去骨／對半切）
- 洋蔥 … 1/2顆（切極薄片）
- 胡蘿蔔 … 1/4條（40公克／切絲）
- 青椒 … 2顆（切絲）
- 麵粉 … 適量
- 米油 … 2小匙
- A
  - 水 … 200cc
  - 醬油、味醂、醋、蠔油 … 各1大匙
  - 片栗粉、砂糖 … 各2小匙

做法

1. 將鯖魚表面的水分擦乾，均勻撒上薄薄的麵粉。平底鍋中加入米油，燒熱後，鯖魚皮面朝下放入，煎至金黃酥脆，翻面後煎熟，取出裝盤。

2. 用廚房紙巾擦拭平底鍋中多餘的油，然後再加入1小匙米油。放入洋蔥、胡蘿蔔及青椒翻炒至軟，接著倒入混合均勻的 A，炒至燴汁微稠。

3. 將步驟 2 的燴料淋在步驟 1 的鯖魚上，即可享用。

將鯖魚的皮面煎至酥脆金黃，能提升香氣和風味。

將蔬菜炒至軟嫩，再加 A 勾芡，即完成燴料。

PLUS ONE

可以用鱈魚或鮭魚代替鯖魚，味道也很棒。

烤蔬菜與迷你炸豬排

> 只需將肉餅裹上麵包糠，簡單煎烤即可完成，輕鬆又美味的家庭版炸豬排！

材料（2～3人份）

- 豬肉片 … 300公克
- 南瓜或彩椒等喜愛的蔬菜 … 適量
- A
  - 雞蛋 … 1顆
  - 麵粉或米粉 … 1/2大匙
  - 鹽 … 1/2小匙
  - 黑胡椒 … 少許（依口味增減）
- 麵包糠 … 1杯（40公克）
- 起司粉 … 3大匙
- 橄欖油 … 3大匙

〈醬汁〉
- 番茄醬 … 2大匙
- 伍斯特醬 … 1大匙
- 砂糖 … 1小匙
- 醬油 … 1/2小匙
- 蒜末 … 少許

做法

1. 在平底鍋中加入橄欖油，燒熱後放入切好的蔬菜煎烤。煎至金黃後翻面，轉小火蓋上鍋蓋，直至熟透。最後撒上少許鹽，盛盤備用。

2. 取一個盤子，放入麵包糠和起司粉均勻混合。另外將豬肉片和 A 材料放入大碗中抓揉均勻，取適量肉片捏成小團，裹上麵包糠。

3. 使用同一個平底鍋，加入橄欖油燒熱，放入步驟 2 裹好麵包糠的豬肉。以中火煎約5分鐘，翻面後再煎，直至兩面金黃，撈出瀝乾油。將肉排與蔬菜擺盤，最後淋上〈醬汁〉即可上桌。

> 讓豬肉吸收蛋液，可避免冷卻後變乾，保持多汁。

> 取適量肉片捏成小塊，裹上麵包糠即可。

> 即使用少量的油也能煎至金黃，煎的過程中可以多次翻面，確保均勻受熱。

豬肉泡菜番茄春雨粉絲

春雨粉絲不需要提前泡水。在加入泡菜之前，可以取出部分作為不辣版本。

材料（2～3人份）

豬五花肉 … 150公克
（切成3公分寬）
番茄 … 1大顆或2小顆
（切成8～12等分的月牙狀）
春雨粉絲 … 50公克
（稍微沖洗後瀝乾，
用廚房剪刀剪成一半長度）

白菜泡菜 … 130公克
鹽、胡椒粉 … 各少許
芝麻油 … 2小匙
A ┌ 醬油、味醂、料理酒
　　… 各1又1/2大匙
　└ 水 … 100cc
紫蘇葉、黑胡椒
　… 依個人喜好添加

做法

1. 在平底鍋中放入豬五花肉，撒上鹽和胡椒粉後，開火炒熟。

2. 依序加入春雨粉絲、A調味料和番茄，蓋上鍋蓋，用中火蒸煮約3分鐘。（如果有不能吃辣的家人，可以在這步驟取出部分，作為不辣版本）

3. 加入泡菜，用大火快速拌炒，隨後關火，淋上芝麻油。盛盤後，再依個人喜好撒上切碎的紫蘇葉，並撒上黑胡椒。

青椒混茄子炒雞絲

這道菜蔬菜豐富，非常適合作為下飯菜。

材料（2～3人份）

雞胸肉 … 1小片
（200公克，切絲）
茄子 … 2條（切絲）
青椒 … 3小顆（切絲）
醬油、酒 … 各1小匙
片栗粉 … 2小匙

芝麻油 … 1大匙
A ┌ 蠔油 … 1大匙
　├ 醬油、味醂、酒 … 各2小匙
　├ 砂糖、醋 … 各1小匙
　└ 蒜末、薑泥 … 各1/2小匙
黑胡椒 … 依個人喜好添加

做法

1. 將A材料混合均勻備用。雞肉加入醬油和酒稍微醃漬後，再加入片栗粉揉勻，靜置備用。

2. 在平底鍋中加入芝麻油，燒熱後，放入雞肉翻炒。當雞肉變色後，加入茄子拌炒。

3. 再加入青椒、A調味料，翻炒至湯汁收乾。將料理盛盤，根據個人口味撒上黑胡椒即可享用。

味噌柚子醋炒雞肉和櫛瓜

濃郁風味搭配清脆口感,非常適合作為便當菜。

材料(2～3人份)

雞腿肉 … 300公克
　（切成一口大小）
櫛瓜 … 1條(削皮成條紋狀後,
　切成1公分厚的圓片)
小番茄 … 6顆(對半切開)
鹽、胡椒粉 … 各少許
片栗粉 … 1大匙

芝麻油 … 1大匙
A ┌ 味噌、味醂 … 各1大匙
　│ 柚子醋 … 2大匙
　│ 砂糖 … 2小匙
　└ 蒜末 … 1/2小匙
黑胡椒、蘿蔔嬰
　… 各適量

做法

1. 雞腿肉撒上鹽、胡椒粉拌匀調味,再裹上片栗粉。

2. 在平底鍋中加入芝麻油,燒熱後,將步驟1的雞肉皮面朝下放入,以中火煎約3～4分鐘,直到金黃酥脆。翻面後在鍋中空隙放入櫛瓜,兩面各煎約2分鐘。

3. 放入小番茄,淋上調好的A調味料,翻炒至湯汁帶有光澤。盛盤後撒上蘿蔔嬰和黑胡椒即可享用。

味噌香蒸鮭魚與高麗菜

蒸煮的高麗菜清甜可口,搭配鮭魚格外美味。

材料(2～3人份)

生鮮鮭魚片 … 2片(180公克)
高麗菜 … 1/4顆(切絲)
韭菜 … 半束(切成3公分段)
鹽、胡椒粉 … 各少許

麵粉 … 適量
芝麻油 … 2小匙
A ┌ 燒肉醬 … 3大匙
　└ 味噌 … 2小匙

做法

1. 將生鮭魚切成適口大小,撒上鹽和胡椒粉調味,然後在表面均匀地裹上少許麵粉。

2. 在平底鍋中倒入芝麻油,燒熱後,放入步驟1處理好的鮭魚,將表面煎至金黃酥香。

3. 在鮭魚周圍加入高麗菜和韭菜,然後淋上A調味料。蓋上鍋蓋,用中火蒸煮約4分鐘。打開鍋蓋,轉大火快速翻拌,將多餘的水分蒸發掉,最後盛盤即可。

COLUMN | 若有餘力，
不妨嘗試的豐富蔬菜湯

富含膳食纖維、維生素與礦物質的營養蔬菜湯，不僅能補充水分，還有助於腸道健康。柔軟的燉煮食材方便入口，非常適合作為孩子的健康餐點。

大白菜小番茄薑湯

可以攝取份量十足的大白菜的中華湯品，大人可以額外添加薑絲，更加暖身。

材料（2～3人份）

- 大白菜 … 1/8顆（淨重400公克，切絲）
- 小番茄 … 10顆（對半切）
- 香菇 … 2朵（菇傘切薄片，菇柄撕成細條）
- 薑 … 少許（切絲，食用時加入）
- A
  - 鹽 … 兩小撮
  - 酒 … 2大匙
  - 芝麻油 … 1大匙
- B
  - 水 … 600cc
  - 雞高湯粉 … 2小匙
  - 醬油 … 1小匙
  - 胡椒粉 … 少許
- 鹽 … 少許（調味用）

做法

1. 在鍋中放入大白菜，加入A調味料後蓋上鍋蓋，用中火煮2～3分鐘。充分攪拌鍋底後，再次蓋上鍋蓋，轉小火蒸煮5～6分鐘。

2. 當大白菜變得軟爛後，放入香菇與B調味料。沸騰後，加入小番茄再煮片刻。

3. 再次煮沸後，用鹽調味。盛盤後撒上薑絲，即可上桌。

鹽麴蔬菜燉湯

結合香味蔬菜與鹽麴的鮮美滋味，
是一道對身體有益的湯品。

材料（2～3人份）

高麗菜 … 1/4顆（帶芯對半切）
馬鈴薯 … 1個（切成一口大小）
洋蔥 … 1顆（帶芯切成8等分）
胡蘿蔔 … 1/2條（80公克／切成一口大小）
大蒜 … 1瓣（刀背壓碎，然後用手撥碎）
香腸 … 5～6根（劃開幾個切口）
短切昆布 … 1片（3公克）
A ┌ 料理酒 … 100cc
　└ 水 … 500cc
鹽麴 … 2～3大匙
胡椒粉 … 少許
橄欖油 … 1大匙
顆粒芥末籽 … 依個人喜好添加適量

做法

1. 在鍋中依序放入胡蘿蔔、馬鈴薯、洋蔥和高麗菜，然後加入大蒜和短切昆布、A 材料，開火加熱。

2. 煮沸後，加入鹽麴、胡椒粉和香腸，蓋上鍋蓋，用小火燉煮約15～20分鐘，直至蔬菜熟透。

3. 煮好後，淋上橄欖油拌勻，即可盛盤，並依個人喜好搭配芥末籽享用。

韭菜蛋花味噌湯

雖然是快速料理，但也是營養豐富！

材料（2～3人份）

韭菜 … 1/2束（切小段）
雞蛋 … 1顆（攪散）
高湯 … 600cc
味噌 … 適量
辣油 … 依個人喜好添加少許

做法

1. 在鍋中將高湯煮滾後，放入韭菜，稍微煮一下即可。

2. 將味噌攪拌融入湯中，再次煮滾後，均勻倒入蛋液，形成蛋花。盛盤後，可依個人口味滴上辣油。

濃郁蔬菜海鮮巧達濃湯

融入了蔬菜與海鮮的鮮美滋味。

材料（2～3人份）

青花菜 … 1/2顆（切小朵）
馬鈴薯 … 1個（切成1公分的小丁）
胡蘿蔔 … 1/4條（40公克／切成1公分的小丁）
洋蔥 … 1/2顆（切成1公分的小丁）
冷凍綜合海鮮 … 100～150公克
橄欖油 … 2大匙
鹽 … 1/2小匙
料理酒 … 3大匙
A ┌ 水 … 200cc
　 └ 高湯粉 … 2小匙
牛奶 … 300cc
鹽、胡椒粉 … 各少許

做法

1. 在鍋中倒入橄欖油，加入所有蔬菜開火翻炒，撒鹽拌勻後蓋上鍋蓋，用中小火蒸炒約5分鐘，期間偶爾翻動。

2. 加入綜合海鮮，淋上料理酒後再度攪拌，蓋上鍋蓋，以小火蒸煮約3分鐘。

3. 倒入A煮沸，直至蔬菜變軟入味。最後倒入牛奶加熱，並用鹽和胡椒粉調味即可。

培根高麗菜和風湯

透過蒸煮方式,讓大量的蔬菜輕鬆入菜。

材料(2~3人份)

高麗菜 … 1/4顆(切成1.5公分塊)
胡蘿蔔 … 1/4條(40公克/切成1公分的小丁)
培根 … 4片(半片包裝/切成6等分)
A ┌ 鹽 … 一小撮
  └ 酒、橄欖油 … 各2大匙
B ┌ 高湯粉、醬油 … 各2小匙
  └ 水 … 600cc
鹽、胡椒粉 … 各少許

做法

1. 在鍋中依序放入高麗菜、胡蘿蔔,並將培根鋪在最上層,倒入 A 材料,蓋上鍋蓋煮3分鐘。打開鍋蓋,從鍋底攪拌一下,再蓋上鍋蓋,改小火煮7~8分鐘。

2. 當蔬菜變得軟嫩時,加入 B 煮沸,最後用鹽和胡椒粉調味即可。

大蔥與白蘿蔔味噌蔬菜湯

使用冬季蔬菜製作的暖心和風蔬菜湯。

材料(2~3人份)

白蘿蔔 … 1/4條
　(淨重300公克/切成銀杏葉狀)
大蔥 … 1支(含蔥綠/切末)
胡蘿蔔 … 1/4條
　(40公克/切成銀杏葉狀)
香腸 … 5~6根(切圓片)
大蒜 … 1瓣(切碎)

橄欖油 … 2大匙
A ┌ 番茄罐頭 … 1罐
  │ 水 … 300cc
  │ 料理酒 … 1大匙
  └ 高湯粉、鹽、砂糖 … 各1小匙
味噌 … 2小匙
起司粉、黑胡椒、巴西里
　… 依個人喜好添加

做法

1. 將橄欖油和蒜末放入鍋中爆香,待香味出來後,加入大蔥和香腸,翻炒至變軟。

2. 加入白蘿蔔、胡蘿蔔和 A 材料,煮沸後蓋上鍋蓋,燜煮約15分鐘。

3. 當白蘿蔔變軟後,加入味噌,再次煮滾後即可熄火。盛盤後依個人喜好撒上起司粉、黑胡椒和巴西里。

※若是給小孩食用,可加入些許豆漿或牛奶,讓口味更溫和、易於入口。

鹽味雞中翅白蘿蔔湯

僅用鹽調味的簡單湯品，清爽又美味。

材料（2～3人份）

雞中翅 … 7～8支
白蘿蔔 … 200公克
　（切成銀杏葉狀）
大蔥 … 1/2支
　（包括蔥綠，斜切成薄片）
鹽 … 1小匙
芝麻油 … 1大匙
料理酒 … 50cc
水 … 500cc
鹽、胡椒粉 … 各少許

做法

1. 將雞中翅放入塑膠袋，撒鹽均勻揉捏後，靜置10分鐘。
2. 鍋中加入芝麻油，燒熱後，放入雞中翅，將雞皮面煎至金黃酥脆，同時利用鍋內空餘空間翻炒蔥段。
3. 倒入料理酒，用鍋鏟刮動鍋底以釋放焦香味並揮發酒精。然後加入白蘿蔔與水，蓋上鍋蓋，以小火煮約30分鐘。最後以鹽和胡椒粉調味即可。

青花菜吻仔魚蒜香湯

蒜香撲鼻，搭配吻仔魚的鮮味，令人食指大動。

材料（2～3人份）

青花菜 … 1小顆
　（梗部削皮後切薄片，花球則分小朵）
蒜頭 … 1瓣（切末）
吻仔魚 … 3大匙
橄欖油 … 2大匙
鹽 … 兩小撮
料理酒 … 2大匙
A ［ 水 … 500cc
　　高湯粉、醬油 … 各1小匙
鹽、胡椒粉 … 各少許
黑胡椒 … 依個人口味添加適量

做法

1. 鍋中倒入橄欖油與蒜末，燒熱爆香後，接著加入青花菜翻炒。等油分均勻包覆後，加入鹽和料理酒，蓋鍋蓋，用小火蒸煮5分鐘。
2. 加入A材料煮沸後，放入吻仔魚，再次蓋上鍋蓋煮5分鐘。用鍋鏟稍微壓碎青花菜，最後用鹽和胡椒粉調味。盛盤後可依喜好撒上黑胡椒享用。

BLT酸辣湯

讓不愛萵苣的人也停不下來的酸辣好滋味！

材料（2～3人份）

萵苣 … 1/2顆（切絲）
番茄 … 1顆（切丁）
培根 … 1包（半片包裝。4片，切成6等份）
雞蛋 … 1顆（攪散）
芝麻油 … 1大匙
A ┌ 水 … 600cc
　├ 料理酒、醬油、白醋、雞高湯粉 … 各1大匙
　└ 胡椒粉 … 少許
鹽 … 少許
辣油 … 依個人口味添加少許

做法

1. 鍋中加入芝麻油，燒熱後，放入培根煎至焦黃，加入A材料煮沸。

2. 接著放入萵苣和番茄，稍微煮軟後，將蛋液慢慢倒入沸騰的湯中。試味後用鹽調整鹹度，盛入碗中，依喜好滴上少許辣油即可上桌。

菠菜嫩豆腐中華湯

滑嫩口感，還能補充滿滿蛋白質！

材料（2～3人份）

嫩豆腐 … 1小盒（150公克）
菠菜 … 半束（切成3公分段）
蟹味棒 … 40公克（約5條，撕成細條）
雞蛋 … 1顆（攪散）
A ┌ 水 … 600cc
　├ 雞高湯粉 … 1小匙
　└ 鹽 … 1/3小匙

B ┌ 料理酒、片栗粉 … 各1大匙
　└ 醬油、蠔油 … 各1小匙
鹽、胡椒粉 … 各少許

做法

1. 鍋中倒入A材料煮至沸騰後，用湯匙挖小塊嫩豆腐放入湯中煮。

2. 接著放蟹味棒和菠菜，繼續煮至菠菜軟化，倒入調好的B勾芡，攪拌均勻。

3. 最後將蛋液慢慢倒入煮沸的湯中，輕輕攪拌至滑嫩狀。用鹽和胡椒粉調味，即可上桌。

滿滿菇菇蘿蔔泥湯

富含膳食纖維,暖胃又健康!

材料(2～3人份)

鴻喜菇 … 100公克(切除根部,用手撥散)
金針菇 … 100公克(切成1公分長)
蘿蔔泥 … 150公克

A [白高湯 … 60cc
    水 … 500cc
    料理酒 … 1大匙
    醬油 … 2小匙]

山芹菜 … 適量

做法

1. 鍋中加入A材料和菇類,煮沸後蓋上鍋蓋,用小火煮至菇類熟透。

2. 加入蘿蔔泥,再次煮沸後,即可盛入碗中,最後放上山芹菜點綴。

水菜豆腐蛋花湯

拯救剩餘水菜的快速料理!

材料(2～3人份)

水菜 … 2小株(切成3公分段)
嫩豆腐 … 150公克(切成3公分方塊)
雞蛋 … 1顆(攪散)

A [水 … 500cc
    白高湯(10倍濃縮)… 50cc]

醬油、味醂 … 各1/2小匙

做法

1. 將A放入鍋中煮沸後,加入水菜與豆腐。

2. 當水菜開始變軟時,加入醬油和味醂調味,再將蛋液慢慢倒入沸騰的湯中,待蛋花浮起後輕輕攪拌,關火即可盛碗上桌。

蔥香海帶湯

搭配肉類料理的經典湯品!

材料(2～3人份)

大蔥 … 1支(包括蔥綠,斜切薄片)
乾燥海帶 … 2小匙
芝麻油 … 1小匙
料理酒 … 1大匙

A ┌ 水 … 600cc
　├ 雞高湯粉 … 2小匙
　├ 醬油 … 1小匙
　└ 胡椒粉 … 少許

鹽 … 少許～
白芝麻 … 2小匙
辣油或芝麻油 … 適量

做法

1. 鍋中放入芝麻油和大蔥,以中火炒至香氣溢出且蔥微焦。接著加入料理酒,邊攪拌邊刮鍋底,讓香氣釋放。再放入 A 材料,煮至沸騰。

2. 接著加入乾燥海帶,稍微煮一下後關火。用鹽調味,撒上白芝麻。盛入碗中,並依個人口味淋上辣油或芝麻油增添風味。

南瓜蜂蜜牛奶濃湯

帶出南瓜的自然甜味,濃郁又溫暖。

材料(2～3人份)

南瓜 … 1/4顆(部分削皮,淨重約400公克)
鹽 … 1小匙(煮南瓜用)
水 … 500cc(煮南瓜用)
牛奶 … 300cc
蜂蜜 … 1～2大匙

做法

1. 將南瓜切成適口大小,放入鍋中,加入水和鹽,煮至沸騰後蓋上鍋蓋,轉小火煮約10分鐘,直到南瓜變軟。

2. 將鍋內的水全部倒掉,加入牛奶,用攪拌機或果汁機將南瓜攪成細緻的濃湯,再放回鍋中加熱,並根據喜好加入蜂蜜調味。

※若湯太濃稠,可加牛奶調整濃度。盛湯入碗後,可撒些巴西里點綴。

小松菜春雨粉絲中華湯

清淡又好入口，
充滿學校營養午餐懷舊風味。

材料（2～3人份）

小松菜 … 半束
　（100公克／切成2公分段）
胡蘿蔔 … 1/4條
　（40公克／切絲）
春雨粉絲 … 20公克
雞蛋 … 1顆（攪散）
水 … 600cc
A ┌ 雞高湯粉 … 2小匙
　│ 醬油、味醂、料理酒
　└ 　… 各1大匙
芝麻油 … 1小匙
鹽、胡椒粉 … 各少許

做法

1. 鍋中加入水和胡蘿蔔，煮沸後加入小松菜與A材料一起煮。

2. 加入春雨粉絲煮約2分鐘，待湯再次沸騰時，慢慢倒入打散的蛋液，等蛋花浮起後輕輕攪拌，隨即關火。

3. 熄火前加入芝麻油，用鹽和胡椒粉調味，盛碗即成。

豆腐雞肉丸子白菜檸檬鹽湯

雞肉丸鬆軟多汁，
易於入口。

材料（2～3人份）

雞絞肉（雞腿或雞胸）… 150公克
嫩豆腐 … 1小盒（150公克）
大白菜 … 200公克（切細）
胡蘿蔔 … 1/4條
　（40公克／切絲）
A ┌ 水 … 600cc
　│ 白高湯 … 50cc
　│ 料理酒、味醂
　└ 　… 各1大匙
B ┌ 薑泥 … 1小匙
　│ 片栗粉 … 1又1/2大匙
　│ 鹽 … 1/3～1/2小匙
　└ 胡椒粉 … 少許
鹽 … 少許
檸檬汁 … 2小匙
檸檬皮或柚子皮 …
　有的話，少許
　（切細絲）

做法

1. 鍋中加入A材料、大白菜和胡蘿蔔，煮沸後轉中火。

2. 將雞絞肉、嫩豆腐和B調味料放入碗中，攪拌至產生黏性，用兩支湯匙塑形成丸子，放入湯中。蓋上鍋蓋煮約6分鐘。

3. 加入鹽和檸檬汁調味，裝碗後可視需求撒上檸檬皮或柚子皮增香。

滑嫩蔬菜大豆湯

滿滿蔬菜甜味，營養滿點的湯品。

材料（2～3人份）

- 青花菜 … 半顆（切小朵）
- 洋蔥 … 半顆（切1公分小丁）
- 南瓜片 … 6片（100公克／切1公分塊）
- 水煮大豆 … 100公克（瀝乾水分）
- 培根 … 1包（半片包裝。切1公分方塊）
- 鹽 … 一小撮
- 橄欖油 … 3大匙
- 料理酒 … 3大匙

A
- 水 … 600cc
- 高湯粉、醬油 … 各2小匙
- 鹽、胡椒粉 … 各少許
- 起司粉 … 依個人喜好添加適量

做法

1. 鍋中加入橄欖油、洋蔥和培根，撒上一小撮鹽，翻炒至洋蔥變透明。

2. 加入青花菜，拌炒至均勻裹上油脂後，倒入料理酒，蓋上鍋蓋，用小火蒸煮約5分鐘。

3. 加入南瓜、大豆和A材料，煮沸後再次蓋上鍋蓋，用小火再煮約5分鐘。最後用鹽和胡椒粉調味，盛盤後可依喜好撒上起司粉。

番茄秋葵咖哩風味湯

夏日食欲全開，清爽微辣的湯品。

材料（2～3人份）

- 番茄 … 1顆（切丁）
- 秋葵 … 8根（切圈）
- 洋蔥 … 1/4顆（切極薄片）
- 橄欖油 … 1大匙
- 咖哩粉 … 少許
- 鹽、胡椒粉 … 各少許

A
- 水 … 600cc
- 高湯粉 … 2小匙
- 鹽 … 1/2小匙

做法

1. 在鍋中加入橄欖油和洋蔥，燒熱後，撒上少許鹽，翻炒至洋蔥變軟。

2. 加入番茄和咖哩粉，快速翻炒後倒入A材料煮沸。接著加入秋葵，煮約2分鐘。最後用鹽和胡椒粉調味，即可享用。

胡蘿蔔濃湯

不加牛奶也清爽可口，冷熱皆宜的健康湯品。

材料（3～4人份）

胡蘿蔔 … 2條（淨重300公克／縱切對半後切薄片）
洋蔥 … 半顆（切薄片）
橄欖油 … 1大匙
鹽 … 一小撮

A ┌ 水 … 500cc
　├ 高湯粉 … 2小匙
　└ 孜然粉或咖哩粉 … 少許

奶油 … 10公克
鹽、胡椒粉、巴西里 … 各少許

做法

1. 鍋中加入橄欖油、洋蔥、胡蘿蔔和鹽，開火，蓋上鍋蓋燜煮，期間偶爾打開鍋蓋，翻炒5～6分鐘，直到洋蔥變透明。

2. 倒入 A 調味料煮沸後，蓋上鍋蓋轉小火，煮至胡蘿蔔變軟。

3. 使用攪拌機或果汁機將湯料打至細緻，再次加熱，加入奶油攪拌，最後用鹽和胡椒粉調味。盛裝後撒上巴西里即可。

滿滿蔬菜拉麵風味噌湯

令人滿足的蔬菜量，當作一餐也很適合！

材料（3～4人份）

豬絞肉 … 100公克
大蔥 … 半支（包含蔥綠，斜切成薄片）
豆芽 … 1袋
胡蘿蔔 … 1/4條（40公克／切細絲）
韭菜 … 半束（切成3公分段）
玉米罐頭 … 半罐（瀝乾）
芝麻油 … 2小匙

A ┌ 醬油、味醂 … 各2小匙
　└ 蒜末 … 1/2小匙

高湯 … 700cc
味噌 … 3大匙～
奶油、黑胡椒 … 依個人喜好添加適量

做法

1. 鍋中放入芝麻油和大蔥炒香，待蔥變軟後加入豬絞肉和 A 調味料，拌炒均勻。

2. 倒入高湯和胡蘿蔔，煮沸後加入豆芽，繼續煮至豆芽變軟。

3. 加入韭菜和玉米，稍微煮一下後，最後溶入味噌。盛裝後可放上一小塊奶油，撒上黑胡椒增添風味。

夏季蔬菜普羅旺斯風味湯

充滿夏季蔬菜甜美滋味,清爽又豐富的風味湯品。

材料(2～3人份)

番茄 … 1顆(切1公分小丁)
洋蔥 … 半顆(切1公分小丁)
甜椒 … 半顆(切1公分小丁)
茄子 … 1～2條(切成銀杏葉狀)
櫛瓜 … 1條(切成銀杏葉狀)
蒜頭 … 1瓣(切末)
橄欖油 … 3大匙

料理酒 … 2大匙
鹽 … 2/3小匙

A
水 … 500cc
高湯粉 … 1又1/2小匙
醬油 … 1小匙
胡椒粉 … 少許
奧勒岡葉 … 有的話,少許

做法

1. 鍋中放入橄欖油、洋蔥和蒜末,開火炒至洋蔥透明,再加入番茄繼續炒至濃稠狀。

2. 加入其他蔬菜,撒上鹽,翻炒至均勻裹上油脂。接著倒入料理酒,蓋上鍋蓋,小火煮5分鐘。

3. 倒入A材料煮沸,再蓋上鍋蓋,用小火煮約5分鐘。最後用鹽和胡椒粉調整口味,即可上桌。

菠菜豆腐芝麻豆乳味噌湯

可依喜好加入辣油增添風味!

材料(2～3人份)

豬肉片(梅花或五花肉)… 100公克(切小塊)
菠菜 … 半把(切3公分段)
嫩豆腐 … 1小盒(150公克)
芝麻油 … 2小匙

A
水 … 300cc
麵味露 … 60cc
白芝麻粉 … 2大匙

味噌 … 2小匙
豆乳 … 300cc

做法

1. 鍋中加入芝麻油,燒熱後,放入豬肉片翻炒至變色,接著加入菠菜拌炒均勻。

2. 倒入A材料煮沸後,用湯匙將嫩豆腐挖成小塊放入鍋中,煮約2分鐘。接著加入豆乳並溶入味噌,稍微煮沸即可。

香濃芝麻油茄子秋葵味噌湯

用芝麻油炒茄子可以增加濃郁風味。

材料（2～3人份）

茄子 … 1～2條（切成銀杏葉狀）
秋葵 … 7～8支（切圓片）
茗荷、紫蘇葉、小蔥、蘿蔔嬰等 … 各適量
芝麻油 … 1大匙
高湯 … 600cc
味噌 … 適量

做法

1. 鍋中加入芝麻油，燒熱後，放入茄子，翻炒至均勻裹上油脂。
2. 茄子炒至變軟後，加入高湯煮沸。再放入秋葵稍微煮一下即可。
3. 溶入味噌後，將湯盛入碗中，最後放上茗荷和紫蘇葉等作為裝飾，即可上桌。

敲打山藥鹽麴湯

能溫養胃腸與肌膚的湯品。

材料（2～3人份）

山藥 … 200公克（去皮，放入塑膠袋，再用杯底輕輕敲碎）
洋蔥 … 1/2顆（切極薄片）
培根 … 4片（半片包裝。切成6等份）
橄欖油 … 1大匙
A ┌ 水 … 600cc
　│ 鹽麴 … 1又1/2大匙
　│ 料理酒 … 1大匙
　└ 胡椒粉 … 少許
青海苔粉 … 有的話，少許

做法

1. 鍋中放入橄欖油、培根與洋蔥，開火翻炒，並撒上少許鹽，直至洋蔥變軟且呈現透明狀。
2. 倒入 A 材料煮沸後，加入敲碎的山藥，稍微煮一下即可。盛裝後可撒上青海苔粉。

地瓜白菜奶油濃湯

寒冬裡的溫暖好滋味。

材料（2～3人份）

大白菜 … 400公克（切絲）
地瓜 … 1小條
　（200公克，切成銀杏葉狀）
鴻喜菇 … 100公克（分小朵）
培根 … 1包（半片包裝。
　取4片，切成6等份）

A ┌ 鹽 … 1/2小匙
　├ 料理酒 … 3大匙
　└ 橄欖油 … 1大匙

奶油 … 15公克
麵粉或米粉 … 1又1/2大匙

B ┌ 水 … 200cc
　├ 牛奶 … 400cc
　└ 高湯粉 … 2小匙

做法

1. 鍋中依序放入大白菜和培根，加入 A 調味料。蓋上鍋蓋，開火，以中火蒸煮5分鐘。

2. 加入地瓜和鴻喜菇，翻炒一下後，蓋上鍋蓋，再蒸煮約4～5分鐘，直到地瓜熟透。

3. 熄火，加入奶油拌融，撒入麵粉，充分攪拌均勻。接著倒入 B，再次開火煮沸後，轉小火煮約2～3分鐘。最後用鹽和胡椒粉調味即可。

家常版雞肉餛飩湯

使用雞湯底，味道清淡易入口，同時也是活用剩餘餛飩皮的好方法。

材料（2～3人份）

雞絞肉（雞胸或雞腿）… 100公克
餛飩皮（或燒賣皮）… 約10片
小松菜 … 半束
　（100公克，切成3公分段）
大蔥 … 半支
　（包含蔥綠，切粗末）

A ┌ 醬油、料理酒 … 各1大匙
　├ 味醂、蠔油 … 各1/2大匙
　└ 薑泥 … 1小匙

水 … 600cc
鹽 … 1/4小匙～
胡椒粉 … 少許

做法

1. 鍋中放入雞絞肉與 A 調味料，並開中火翻炒，注意不要燒焦。

2. 當雞肉變色後，加水煮沸，並撇去浮沫保持湯底清澈。

3. 放入小松菜和大蔥煮熟，接著將餛飩皮一片片放入鍋中，煮沸即可。最後用鹽和胡椒粉調味，盛碗即成。

| COLUMN | 富含維生素與膳食纖維的蔬菜飯 | 胡蘿蔔炊飯和番茄炊飯是西式料理中的好搭檔，除了能夠不經意的攝取營養，味道又可口。夏天可以嘗試玉米炊飯，冬天則來一碗地瓜炊飯，皆為季節的絕佳搭配。 |

胡蘿蔔炊飯

微甜柔和，營養滿分的蔬菜飯。

材料（2～3人份）

胡蘿蔔 … 1小條
　（120公克，磨成泥或整根使用）
生米 … 2杯

A ┌ 酒、味醂 … 各1大匙
　└ 鹽 … 1/2小匙

做法

1. 將洗淨的米放入電鍋內鍋中，加入胡蘿蔔和A材料攪拌均勻，然後注水至2杯米刻度。啟動煮飯鍵。

2. 煮飯完成後，將米飯與食材拌勻盛入碗。依喜好撒上切碎的巴西里裝飾。

番茄炊飯

多汁美味的西式風味米飯！

材料（2～3人份）

番茄 … 1大顆（230公克／表面劃十字切口）
生米 … 2杯
鹽 … 1小匙
橄欖油 … 1大匙
黑胡椒 … 依個人喜好添加少許

做法

1. 將洗淨的米放入電鍋內鍋中，加入鹽和橄欖油攪拌均勻，然後放入整顆番茄，注水至2杯刻度，啟動煮飯鍵。

2. 煮飯完成後，將番茄壓碎並與米飯攪拌均勻。盛盤後可依喜好撒上黑胡椒增添風味。

玉米炊飯

清甜香氣滿滿，
不論使用新鮮玉米還是罐頭玉米都美味！

材料（2～3人份）
玉米 … 1根（剝下玉米粒）
生米 … 2杯
A ┌ 酒、味醂 … 各1大匙
　└ 鹽 … 2/3小匙

做法

1. 將洗淨的米放入電鍋內鍋中，加入 A 調味料並攪拌均勻，注水至2杯刻度。

2. 將玉米粒與玉米芯一起放入鍋中，開始煮飯。煮好飯後取出玉米芯，將米飯攪拌均勻。

※若用罐頭玉米或冷凍玉米，請選擇無添加砂糖的產品，並加入約120公克的玉米粒。
※將罐頭玉米的汁與水混合使用，讓米飯更加香甜可口。

地瓜炊飯

提升甜味的關鍵在於鹽的用量。

材料（2～3人份）
地瓜 … 1條
　（200公克，切小方塊）
生米 … 2杯
A ┌ 料理酒、味醂 … 各1大匙
　└ 鹽 … 2/3小匙
黑芝麻 … 有的話，適量

做法

1. 將洗淨的米放入電鍋內鍋中，加入 A 調味料，攪拌均勻後注水至2杯刻度。

2. 將地瓜塊均勻鋪在米上，啟動煮飯鍵。煮好飯後將米飯拌勻，可撒上黑芝麻作為點綴，增添香氣。

COLUMN 孩子們會喜歡的雞蛋配菜

加上蛋作為配料,不僅提升外觀與美味,還能讓口感更加溫和。同時提供豐富的蛋白質、維生素和礦物質,因此非常適合作為孩子的營養餐點。

溫泉蛋

冷藏可保存2～3天,適合搭配早餐。

材料(3～4人份)
水 … 1公升
雞蛋 … 3～4顆

做法

1. 在小鍋中煮沸足量的水,熄火後立即將雞蛋放入,不用蓋鍋蓋,泡13～15分鐘(可根據蛋的大小和季節調整時間)。

2. 時間到,將蛋放冷水中冷卻,待蛋的餘熱散去後即可剝殼。

> 從冰箱剛拿出的雞蛋即可使用。

滑蛋

澆蓋在炊飯上,就能輕鬆變成歐姆飯。

材料(2～3人份)
雞蛋 … 3～4顆(攪散)
鹽 … 一小撮
橄欖油 … 1大匙

做法

1. 平底鍋中加入橄欖油,用中火燒熱全鍋,再將加了鹽的蛋液倒入鍋中。

2. 當蛋液開始凝固時,從外側向內快速攪拌,讓底部蛋液輕輕凝固,保持半熟狀態後取出。

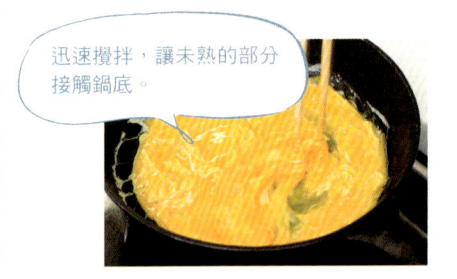

> 迅速攪拌,讓未熟的部分接觸鍋底。

COLUMN 附上湯品的推薦套餐範例

以下為最佳搭配的推薦套餐組合，適合在想多加一道菜的日子嘗試。此外，也歡迎您發掘自己的最愛搭配，創造專屬的美味餐點！

色彩繽紛的蔬菜西式套餐
- 胡蘿蔔炊飯→P108
- 青花菜起司漢堡排佐BBQ醬→P87
- 番茄秋葵咖哩風味湯→P103

大口享用湯品的健康套餐
- 番茄炊飯→P108
- 滑嫩蔬菜大豆湯→P103

簡單擺盤宛如餐廳風套餐
- 玉米炊飯→P109
- 香烤雞肉和蔬菜→P60
- 胡蘿蔔濃湯→P104

簡單卻令人溫暖的秋冬餐點
- 地瓜炊飯→P109
- 夏季蔬菜普羅旺斯風味湯→P105

日式風味烤魚料理套餐
- 烤鹽鯖魚佐日式燴蔬菜→P90
- 水菜豆腐蛋花湯→P100

分量十足的韓式餐點
- 菠菜滿滿的韓式烤肉→P72
- 蔥香海帶湯→P101

盛夏蔬菜溫補套餐
- 烤玉米燒賣→P89
- 香濃芝麻油茄子秋葵味噌湯→P106

醇厚滋味的中式經典套餐
- 香酥蝦仁竹輪拌美乃滋→P84
- 家常版雞肉餛飩湯→P107

STAFF
美術指導／吉村亮（Yoshi-des.）
設計／真柄花穗、石井志歩（Yoshi-des.）
原書手寫文字／竹永絵里
攝影／佐藤朗（フェリカスピコ）
造型設計／小坂桂
烹飪助手／三好弥生
原書內文校正／麦秋アートセンター
企劃・編輯／鈴木聡子

國家圖書館出版品預行編目(CIP)資料

一飯一菜就上桌：蓋飯.湯品.配菜,營養美味的一品料理！／橋本彩作；程橘譯. -- 初版. -- 臺北市：愛米粒出版有限公司, 2025.04
　面；　公分
譯自：一品入魂ごはん ヘトヘトでも「これなら作れる！」
ISBN 978-626-7601-08-2(平裝)
1.CST: 食譜
427.1　　　　　　　　　　　　114000351

愛日常 009

一飯一菜就上桌：蓋飯・湯品・配菜，營養美味的一品料理！
一品入魂ごはん ヘトヘトでも「これなら作れる！」

作者	橋本彩
翻譯	程橘
總編輯	陳品蓉
封面設計	陳碧雲
內文編排	劉凱西
出版者	愛米粒出版有限公司
負責人	陳銘民
法律顧問	陳思成

總經銷	知己圖書股份有限公司
郵政劃撥	15060393
	（台北公司）台北市106辛亥路一段30號9樓
電話	（02）2367-2044／2367-2047
傳真	（02）2363-5741
	（台中公司）台中市407工業30路1號
電話	（04）2359-5819
傳真	（04）2359-5493
電話	（04）2315-0280
讀者專線	TEL：（02）2367-2044／（04）2359-5819#230
傳真	（02）2363-5741／（04）2359-5493
	E-mail：service@morningstar.com.tw
國際書碼	978-626-7601-04-4
初版日期	2025年4月12日
定價	新台幣380元

IPPIN NYUKON GOHAN
HETOHETO DEMO「KORENARA TSUKURERU!」
©Aya Hashimoto 2023
First published in Japan in 2023 by KADOKAWA CORPORATION, Tokyo. Complex Chinese translation rights arranged with KADOKAWA CORPORATION, Tokyo through Japan UNI Agency, Inc., Tokyo.
translation copyright © 2025
by Emily Publishing Company, Ltd.
All Rights Reserved.

版權所有．翻印必究
如有破損或裝訂錯誤，請寄回本公司更換

因為閱讀，我們放膽作夢，恣意飛翔。
在看書成了非必要奢侈品，文學小說式微的年代，愛米粒堅持出版好看的故事，讓世界多一點想像力，多一點希望。

愛米粒FB　　填寫線上回函卡 送購書優惠券